EXERCICES

DE CALCUL INTÉGRAL.

QUATRIÈME PARTIE.

CETTE partie est divisée en deux sections.

Dans la première, notre objet a été de compléter la théorie exposée dans la seconde partie de cet ouvrage ; nous nous sommes attachés surtout à développer avec toute l'étendue nécessaire, les propriétés de la fonction Γ, qui est le lien mutuel d'une multitude de transcendantes, et la source d'où se tirent aisément toutes les formules qui concernent la comparaison de ces transcendantes, leur réduction et leur évaluation. Nous espérons que cette théorie, considérée sous un nouveau point de vue et augmentée d'un grand nombre de formules nouvelles, méritera de fixer l'attention des Géomètres, et qu'ils y verront une nouvelle branche d'analyse amenée à peu près au point de perfection dont elle est susceptible.

Pour étendre davantage les applications de cette théorie, il était utile de calculer de nouveau avec un plus grand nombre de décimales, la table qui termine la seconde partie ; c'est ce qu'on a exécuté avec tout le soin nécessaire : on a porté la précision jusqu'à douze décimales ; et on peut assurer que le douzième chiffre sera rarement en erreur d'une unité, jamais de plus de deux. Ces calculs ont donné lieu de rectifier et de porter à une

I

étendue à peu près double, la table donnée par Euler, page 456 de son Calcul différentiel, pour les sommes des puissances réciproques des nombres naturels.

La seconde section contient diverses recherches qui peuvent être regardées comme faisant suite à la troisième partie. On y trouvera la démonstration d'un assez grand nombre de formules, dont quelques-unes sont ou entièrement nouvelles, ou d'une découverte récente; de ce dernier nombre sont plusieurs intégrales définies données par M. *Bidone*, dans les Mémoires de Turin, année 1812. Nous avons donné aussi quelques vues nouvelles sur la sommation de différentes suites et sur les formules qui servent à trouver la somme d'une suite dont le terme général est donné.

PREMIÈRE SECTION.

§ I. *Propriétés générales des intégrales Eulériennes.*

(1). $\mathbf{E}$N désignant par $\left(\frac{p}{q}\right)$ l'intégrale $\int \dfrac{x^{p-1}dx}{\sqrt[n]{(1-x^n)^{n-q}}}$, prise depuis $x = 0$ jusqu'à $x = 1$, Euler avait pour but de comparer entr'elles les diverses intégrales de cette forme qui répondent à une même valeur de n, et il supposait d'ailleurs les nombres p , q , n entiers ; mais on peut considérer les choses d'une manière plus générale.

Soit $x^n = y$, on aura la transformée $\frac{1}{n} \int y^{\frac{p}{n}-1} dy\,(1-y)^{\frac{q}{n}-1}$; mettant dans celle-ci p et q à la place de $\frac{p}{n}$ et $\frac{q}{n}$, elle deviendra $\frac{1}{n} \int y^{p-1} dy\,(1-y)^{q-1}$, nouvelle intégrale qui devra toujours être prise entre les limites $y = 0$, $y = 1$.

De là on voit que l'intégrale $\int x^{p-1}dx\,(1-x)^{q-1}$, prise entre les limites $x = 0$, $x = 1$, comprend l'intégrale d'Euler, lorsque p et q sont supposés rationnels ; mais elle pourra en représenter une infinité d'autres.

Nous désignerons cette nouvelle intégrale par le symbole (p, q), qui ne laisse rien de sous-entendu ; les nombres p et q seront à volonté rationnels ou irrationnels ; mais ils devront être positifs l'un et l'autre, parce que sans cette condition, l'intégrale aurait une valeur infinie. Au moyen de ce nouveau symbole, l'intégrale Eulérienne s'exprime ainsi,

$$\left(\frac{p}{q}\right) = \frac{1}{n}\left(\frac{p}{n}, \frac{q}{n}\right).$$

(2). Il est essentiel d'observer que l'intégrale désignée par (p, q) peut être regardée comme une fonction continue de p et q, ou comme la troisième coordonnée d'une surface courbe dont p et q seraient les deux autres coordonnées. En effet, si l'on fait croître par degrés insensibles l'une ou l'autre des variables p et q, la fonction (p, q) diminuera de même progressivement. Si, par exemple, on augmente p de la quantité infiniment petite α, la puissance x^{p-1} deviendra $x^{p-1}\left(1 - \alpha \log \frac{1}{x}\right)$, et l'intégrale dont il s'agit diminuera de la quantité infiniment petite............

$$\alpha \int x^{p-1}\, dx \log \frac{1}{x} (1 - x)^{q-1}.$$

(3). Pour découvrir plus facilement les propriétés de la fonction (p, q), il est utile de considérer en même temps les intégrales Eulériennes de la seconde espèce. En donnant à ces intégrales la forme $\int dx \left(l \frac{1}{x} \right)^{\frac{p}{q} - 1}$, Euler supposait que les nombres p et q sont entiers, et son objet était de comparer entr'elles les diverses valeurs de l'intégrale qui répondent à une même valeur de q; mais nous avons déjà observé qu'on peut considérer l'intégrale dont il s'agit, comme une fonction continue de la variable $\frac{p}{q}$, qu'on supposera positive, mais qui peut être un nombre quelconque rationnel ou irrationnel. Ainsi nous regarderons l'intégrale $\int dx \left(l \frac{1}{x} \right)^{a-1}$, prise depuis $x = 0$ jusqu'à $x = 1$, comme une fonction continue de a, que nous désignerons par Γa, et dans laquelle a pourra avoir toutes les valeurs, depuis $a = 0$ jusqu'à $a = \infty$.

(4). Si l'on fait $V = x \left(l \frac{1}{x} \right)^a$, on aura $dV = dx \left(l \frac{1}{x} \right)^a - a\, dx \left(l \frac{1}{x} \right)^{a-1}$. Intégrant de part et d'autre depuis $x = 0$ jusqu'à $x = 1$, et observant que V s'évanouit dans ces deux limites, on aura

$$\Gamma (a + 1) = a\Gamma a; \qquad\qquad (1)$$

c'est la première et la principale propriété des fonctions Γ. La démonstration que nous venons d'en donner suppose a positif, sans quoi V ne s'évanouirait pas lorsque $x = 1$.

On peut distinguer dans les valeurs successives de Γa, plusieurs périodes ; la première comprise depuis $a = 0$ jusqu'à $a = 1$, la seconde depuis $a = 1$ jusqu'à $a = 2$, et ainsi de suite à l'infini. Cela posé, il résulte de l'équation précédente que si l'on connaît la fonction Γ dans toute l'étendue d'une de ces périodes, on pourra déterminer cette fonction dans toute autre période.

Par exemple, si la seconde période est donnée, on connaîtra $\Gamma\frac{1}{3}$ qui appartient à la première période, et $\Gamma\left(\frac{7}{2}\right)$ qui appartient à la quatrième, par les valeurs suivantes, déduites de l'équation (1),

$$\Gamma\tfrac{1}{3} = 3\Gamma\left(\tfrac{4}{3}\right), \quad \Gamma\left(\tfrac{7}{2}\right) = \tfrac{5}{2}\cdot\tfrac{3}{2}\,\Gamma\left(\tfrac{3}{2}\right).$$

(5). La fonction Γa est la plus simple lorsque $a = 1$; alors on a $\Gamma(a) = \int dx = x = 1$. Donc lorsque a est un nombre entier, on a généralement

$$\Gamma a = 1.2.3.4\ldots\ldots(a-1); \qquad\qquad (2)$$

c'est-à-dire que la fonction Γa est égale au produit de tous les nombres entiers moindres que a.

Cette notion, fort claire lorsque a est un entier, ne présente plus aucun sens lorsque a est fractionnaire ; mais l'analyse y supplée en donnant pour valeur de la fonction, l'intégrale $\int dx \left(l\frac{1}{x}\right)^{a-1}$, prise depuis $x = 0$ jusqu'à $x = 1$; intégrale qu'il sera toujours possible d'évaluer avec tel degré d'approximation qu'on voudra.

(6). La fonction Γa est très-remarquable par l'utilité dont elle est dans la théorie des intégrales définies. Nous pensons qu'il est nécessaire de lui imposer un nom particulier, et nous proposons de prendre pour ce nom celui de la lettre grecque Γ. Nous appellerons donc en général *gamma* du nombre a, le produit de tous les nombres inférieurs à a, savoir, $1.2.3\ldots\ldots(a-1)$.

Lorsque a ne sera pas un nombre entier, le gamma du nombre a sera en général une transcendante. Mais nous verrons que ces transcendantes ont beaucoup de propriétés, et qu'elles peuvent être évaluées dans tous les cas avec presqu'autant de facilité que les arcs de cercle et les logarithmes.

Réciproquement le nombre a pourra être regardé comme l'exposant ou la *racine* de la fonction Γa , et nous le désignerons de cette manière.

(7). Revenons maintenant à l'intégrale définie $\int x^{p-1} dx\,(1-x)^{q-1}$, que nous avons représentée par (p, q). Cette intégrale est facile à déterminer lorsque l'un des deux nombres p et q est entier. Supposons que ce soit q , et faisons $U = x^p\,(1-x)^{q-1}$, nous aurons par la différentiation ,

$$dU = (p+q-1)x^{p-1}dx\,(1-x)^{q-1} - (q-1)\,x^{p-1}dx\,(1-x)^{q-2}.$$

Intégrant de part et d'autre depuis $x = 0$ jusqu'à $x = 1$, et observant que dans ces deux limites U est nul , puisqu'on suppose à la fois $p > 0$ et $q > 1$, on aura

$$\int x^{p-1}dx\,(1-x)^{q-1} = \frac{q-1}{p+q-1}\int x^{p-1}dx\,(1-x)^{q-2} ;$$

on aurait de la même manière

$$\int x^{p-1}dx\,(1-x)^{q-2} = \frac{q-2}{p+q-2}\int x^{p-1}dx\,(1-x)^{q-3} ,$$

et ainsi successivement, jusqu'à ce qu'on parvienne à l'intégrale $\int x^{p-1}dx$ qui, dans les limites données, se réduit à $\frac{1}{p}$. Donc q étant un nombre entier , on a généralement

$$\int x^{p-1}dx\,(1-x)^{q-1} = \frac{q-1 . q-2 \ldots 1}{p+q-1 . p+q-2 \ldots p+1}\cdot\frac{1}{p}.$$

Mais dans la même hypothèse on a , par l'équation (1),

$$\Gamma q = 1.2.3\ldots q-1 ,$$
$$\Gamma(q+p) = (q+p-1)(q+p-2)\ldots p\Gamma p ;$$

donc la valeur de l'intégrale trouvée peut se mettre sous cette forme

$$\int x^{p-1}dx\,(1-x)^{q-1} = \frac{\Gamma p\,\Gamma q}{\Gamma(p+q)}.$$

On aurait trouvé le même résultat en supposant p entier et q un nombre quelconque, ce qui d'ailleurs se voit immédiatement en mettant $1-x$ à la place de x.

(8). L'équation précédente ne contenant plus de facteurs en nombre indéfini, acquiert une plus grande généralité, et ne suppose plus que l'un des deux nombres p et q est entier ; car d'ailleurs chaque membre doit se réduire à une même fonction de p et q, laquelle est

$$\frac{1}{p} - \frac{q-1}{1}\cdot\frac{1}{p+1} + \frac{q-1\,.\,q-2}{1\,.\,2}\cdot\frac{1}{p+2} - \frac{q-1\,.\,q-2\,.\,q-3}{1\,.\,2\,.\,3}\cdot\frac{1}{p+3} + \text{etc.}$$

Nous aurons donc, quels que soient p et q, l'équation

$$(p,q) = \frac{\Gamma p\,\Gamma q}{\Gamma(p+q)}, \tag{3}$$

qui sert à exprimer généralement la fonction (p,q) au moyen des fonctions Γ.

(9). L'équation (3) simplifie considérablement la théorie des fonctions (p,q), puisqu'elle fait voir que ces fonctions, qui dépendent en général de deux variables, peuvent se déterminer par la fonction Γ qui n'en contient qu'une. Cette même équation, en établissant une relation entre les fonctions (p,q) et les fonctions Γ, va donner les moyens de découvrir les propriétés des unes et des autres. Et d'abord on voit que dans la fonction (p,q), les quantités p et q peuvent être échangées entr'elles, puisqu'il en résulte toujours la même valeur de (p,q). On a donc la formule

$$(p,q) = (q,p). \tag{4}$$

On a ensuite, d'après l'équation (3),

$$(p, q) = \frac{\Gamma p\, \Gamma q}{\Gamma(p+q)},$$

$$(p+q, r) = \frac{\Gamma(p+q)\, \Gamma r}{\Gamma(p+q+r)},$$

et celles-ci étant multipliées entr'elles donnent

$$(p, q)(p+q, r) = \frac{\Gamma p\, \Gamma q\, \Gamma r}{\Gamma(p+q+r)}.$$

Si l'on observe maintenant que dans le second membre de cette équation deux des lettres p, q, r, peuvent être échangées entr'elles à volonté, on en conclura cette nouvelle formule

$$(p, q)(p+q, r) = (p, r)(p+r, q) = (q, r)(q+r, p), \qquad (5)$$

laquelle contient une propriété fondamentale des fonctions (p, q).

Ces propriétés, au reste, s'accordent avec celles que nous avons démontrées dans la deuxième partie, relativement à la fonction désignée par $\left(\frac{p}{q}\right)$; mais elles ont dans notre nouvelle notation une plus grande généralité, puisqu'elles ne sont pas restreintes à la supposition que p et q soient des nombres rationnels.

(10). L'intégrale (p, q) peut être déterminée exactement lorsque $p+q=1$; en effet, considérons la formule

$$(a, 1-a) = \int x^{a-1}dx(1-x)^{-a};$$

si l'on fait $1-x = \frac{x}{z}$, ou $x = \frac{z}{1+z}$, l'intégrale aura pour transformée $\int \frac{z^{a-1}dz}{1+z}$, laquelle devra être prise entre les limites $z=0$, $z=\infty$. Or Euler a prouvé que cette dernière intégrale $= \frac{\pi}{\sin a\pi}$; ainsi on aura généralement

$$(a, 1-a) = \frac{\pi}{\sin a\pi}.$$

Mais

Mais par l'équation (3) on a aussi

$$(a, \; 1-a) = \frac{\Gamma a \Gamma (1-a)}{\Gamma 1} = \Gamma a \Gamma (1-a).$$

Donc entre les fonctions Γa, $\Gamma(1-a)$, on a cette équation très-remarquable

$$\Gamma a \; \Gamma (1-a) = \frac{\pi}{\sin a\pi} : \qquad\qquad (6)$$

c'est la seconde propriété générale des fonctions Γ.

(11). On voit par cette équation que les fonctions Γa, $\Gamma(1-a)$, placées symétriquement dans la première période, peuvent se déduire l'une de l'autre, puisque leur produit est toujours une quantité connue. Et parce que les racines a, $1-a$, sont complémens l'une de l'autre, nous regarderons la fonction $\Gamma(1-a)$ comme étant le *complément* de Γa, et réciproquement.

On a déjà remarqué que pour déterminer la fonction Γa dans toute son étendue, il suffit de connaître cette fonction dans la première période, depuis $a=0$ jusqu'à $a=1$, ou dans une autre période quelconque, comprise entre deux entiers consécutifs m, $m+1$. En vertu de l'équation (6), il suffira de connaître la fonction Γa dans la moitié d'une période, par exemple depuis $a=0$ jusqu'à $a=\frac{1}{2}$, ou depuis $a=\frac{1}{2}$ jusqu'à $a=1$.

Dans la seconde période, les fonctions $\Gamma(1+a)$, $\Gamma(2-a)$, également éloignées des extrémités de la période, seront pareillement regardées comme complémens l'une de l'autre; et puisque d'après l'équation (1) on a $\Gamma(1+a)=a\Gamma a$ et $\Gamma(2-a)=(1-a)\Gamma(1-a)$, il s'ensuit que les deux fonctions $\Gamma(1+a)$, $\Gamma(2-a)$ pourront se déduire l'une de l'autre par l'équation

$$\Gamma(1+a) \; \Gamma(2-a) = \frac{a(1-a)\,\pi}{\sin a\pi}.$$

On trouverait de même, dans la troisième période, que les fonctions $\Gamma(2+a)$ et $\Gamma(3-a)$ se servent mutuellement de complément et se déterminent l'une par l'autre.

2

(12). Ces formules entre les fonctions complémentaires prendront une forme plus élégante en les comptant du milieu de chaque période ; alors on aura pour les périodes successives les équations

$$\Gamma(\tfrac{1}{2}-a)\,\Gamma(\tfrac{1}{2}+a) = \frac{\pi}{\cos a\pi},$$

$$\Gamma(\tfrac{3}{2}-a)\,\Gamma(\tfrac{3}{2}+a) = \left(\tfrac{1}{4}-a^2\right)\frac{\pi}{\cos a\pi};$$

$$\Gamma(\tfrac{5}{2}-a)\,\Gamma(\tfrac{5}{2}+a) = \left(\tfrac{1}{4}-a^2\right)\left(\tfrac{9}{4}-a^2\right)\frac{\pi}{\cos a\pi};$$

etc.

Si l'on fait $a = 0$ dans ces diverses équations, on aura les valeurs des fonctions qui se rapportent au milieu des périodes, savoir :

$$\Gamma\tfrac{1}{2} = \sqrt{\pi},\quad \Gamma\tfrac{3}{2} = \tfrac{1}{2}\sqrt{\pi},\quad \Gamma\tfrac{5}{2} = \tfrac{1}{2}\cdot\tfrac{3}{2}\sqrt{\pi},\quad \Gamma\tfrac{7}{2} = \tfrac{1}{2}\cdot\tfrac{3}{2}\cdot\tfrac{5}{2}\sqrt{\pi},\ \text{etc.}$$

Ces fonctions, et celles où a est un entier, sont les seules qu'on puisse déterminer exactement, sans employer de transcendantes plus composées que les arcs de cercle et les logarithmes.

(13). Si l'on considère les fonctions successives $\Gamma\tfrac{1}{n}$, $\Gamma\tfrac{2}{n}$, $\Gamma\tfrac{3}{n}$ .....
$\Gamma\tfrac{n-1}{n}$, dans lesquelles n est un nombre entier, il suffira de connaître les $\tfrac{n-1}{2}$ premiers termes de cette suite, si n est impair, et les $\tfrac{n}{2}-1$ premiers seulement, si n est pair. Les autres se détermineront par l'équation (6), à laquelle on joindra, dans le second cas, l'équation $\Gamma\tfrac{1}{2} = \sqrt{\pi}$.

A l'égard des intégrales $\left(\tfrac{p}{q}\right)$ qui, dans la notation d'Euler, répondent à une même valeur de n, elles s'expriment par les fonctions Γ, de la manière suivante :

$$\left(\tfrac{p}{q}\right) = \tfrac{1}{n}\left(\tfrac{p}{n},\ \tfrac{q}{n}\right) = \frac{\Gamma\left(\tfrac{p}{n}\right)\Gamma\left(\tfrac{q}{n}\right)}{n\Gamma\left(\tfrac{p+q}{n}\right)}, \tag{7}$$

$$\left(\tfrac{p}{q}\right) = \frac{\Gamma\left(\tfrac{p}{n}\right)\Gamma\left(\tfrac{q}{n}\right)}{(p+q-n)\Gamma\left(\tfrac{p+q}{n}-1\right)}, \tag{8}$$

la première devant être employée si l'on a $p+q<n$, et la seconde si l'on a $p+q>n$.

Au moyen de ces deux formules et de l'équation (6), toutes les intégrales $\left(\frac{p}{q}\right)$ dans lesquelles les nombres p et q sont pris à volonté dans la série $1, 2, 3\ldots n$, pourront s'exprimer par les premiers termes de la suite $\Gamma\frac{1}{n}$, $\Gamma\frac{2}{n}$, $\Gamma\frac{3}{n}$, etc., savoir, par $\frac{n-1}{2}$ termes si n est impair, et par $\frac{n}{2}-1$ si n est pair.

(14). Comme on a $\left(\frac{p}{q}\right)=\left(\frac{q}{p}\right)$, on pourra toujours supposer que p n'est pas $>q$; alors les intégrales $\left(\frac{p}{q}\right)$ qui répondent à une même valeur de n pourront être disposées dans un ordre triangulaire, comme il suit :

$$\left(\tfrac{1}{1}\right),$$
$$\left(\tfrac{1}{2}\right), \left(\tfrac{2}{2}\right),$$
$$\left(\tfrac{1}{3}\right), \left(\tfrac{2}{3}\right), \left(\tfrac{3}{3}\right),$$
$$\vdots$$
$$\left(\tfrac{1}{n}\right), \left(\tfrac{2}{n}\right), \left(\tfrac{3}{n}\right)\cdots\left(\tfrac{n}{n}\right).$$

Le nombre de toutes ces fonctions est donc $\frac{n}{2}(1+n)$. Il faut déduire de ce nombre, 1°. les n fonctions de la forme $\left(\frac{p}{n}\right)$, dont la valeur exacte est $\frac{1}{p}$; 2°. les fonctions de la forme $\left(\frac{p}{n-p}\right)$, dont la valeur est $\dfrac{\pi}{n\sin\frac{p\pi}{n}}$; le nombre de celles-ci est $\frac{n-1}{2}$ ou $\frac{n-2}{2}$, selon que n est impair ou pair. Il restera donc dans la série des intégrales $\left(\frac{p}{q}\right)$, un nombre de transcendantes égales à $\frac{1}{4}(n-1)^2$, si n est impair, et à $\frac{n}{2}(n-2)$ si n est pair.

Dans le premier cas, un nombre $\frac{1}{2}(n-1)^2$ de transcendantes $\left(\frac{p}{q}\right)$ peuvent s'exprimer par les $\frac{n-1}{2}$ premiers termes de la suite $\Gamma\frac{1}{n}$, $\Gamma\frac{2}{n}$, $\Gamma\frac{3}{n}$, etc.; dans le second, un nombre $\frac{n}{2}(n-2)$ de transcendantes $\left(\frac{p}{q}\right)$ peuvent s'exprimer par les $\frac{n}{2}-1$ premiers termes de la même suite.

De là on voit qu'il peut être établi un grand nombre de comparaisons entre les transcendantes $\left(\frac{p}{q}\right)$ qui répondent à une même valeur de n, et qu'elles peuvent toutes être exprimées par un petit nombre d'entr'elles ; nombre qui sera $\frac{n-1}{2}$ ou $\frac{n}{2}-1$, selon que n est impair ou pair. Mais ce nombre, dans le cas où n n'est pas premier, pourra être réduit ultérieurement par les autres propriétés de la fonction Γ, que nous démontrerons ci-après.

(15). Considérons maintenant le cas où les deux nombres p et q sont égaux dans la fonction $(p,\ q)$; alors on aura

$$(a,\ a) = \int x^{a-1}dx\,(1-x)^{a-1}.$$

Soit $x=\frac{1}{2}(1+y)$, la transformée sera $2^{1-2a}\int dy\,(1-y^2)^{a-1}$; et comme cette nouvelle intégrale doit être prise depuis $y=-1$ jusqu'à $y=+1$, il revient au même de la prendre depuis $y=0$ jusqu'à $y=1$, et de doubler le résultat. On aura ainsi

$$(a,\ a) = 2^{2-2a}\int dy\,(1-y^2)^{a-1}.$$

Mettant x à la place de y^2, ce qui ne change pas les limites, il viendra $(a,\ a)=2^{1-2a}\int x^{-\frac{1}{2}}dx\,(1-x)^{a-1}$, ou

$$(a,\ a) = 2^{1-2a}\left(\tfrac{1}{2},\ a\right),$$

formule qui s'accorde avec l'équation (r) de la page 232.

Mais d'après l'équation (3) ci-dessus, on a

$$(a,\ a) = \frac{\Gamma a\,\Gamma a}{\Gamma(2a)}, \qquad \left(\tfrac{1}{2},\ a\right) = \frac{\Gamma\tfrac{1}{2}\,\Gamma a}{\Gamma(\tfrac{1}{2}+a)} ;$$

donc en substituant ces valeurs, l'équation précédente donne

$$\Gamma a \Gamma(\tfrac{1}{2} + a) = 2^{1-2a} \Gamma \tfrac{1}{2} \Gamma(2a) = 2^{1-2a} \pi^{\frac{1}{2}} . \Gamma(2a): \qquad (9)$$

c'est la troisième propriété générale des fonctions Γ.

(16). Il ne sera pas inutile de faire voir comment on peut parvenir à ce résultat par une autre voie.

Considérons pour cet effet la fonction $\psi(n)$, dont la valeur est

$$\psi(n) = \frac{2n + 2 . 2n + 4 . 2n + 6 \ldots 4n}{1 . 3 . 5 \ldots 2n-1};$$

si l'on met $n+1$ à la place de n, on aura

$$\psi(n+1) = \frac{2n + 4 . 2n + 6 . 2n + 8 \ldots 4n + 4}{1 . 3 . 5 \ldots 2n+1};$$

de là résulte

$$\frac{\psi(n+1)}{\psi(n)} = \frac{4n + 2 . 4n + 4}{2n + 2 . 2n + 1} = 4.$$

Donc en général $\psi(n) = A . 4^n$, A étant une constante qu'il faut déterminer dans un cas particulier. Or en faisant $n = 1$, on a $\psi(n) = 4$; donc $A = 1$; donc n étant un nombre entier quelconque, on aura

$$\frac{2n + 2 . 2n + 4 . 2n + 6 \ldots 4n}{1 . 3 . 5 \ldots 2n-1} = 4^n.$$

Mais en vertu de l'équation (1), on a

$$(m+1)(m+2)(m+3)\ldots(m+n) = \frac{\Gamma(m+n+1)}{\Gamma(m+1)}.$$

Faisant successivement $m = n$ et $m = -\tfrac{1}{2}$, cette formule donne

$$(n+1)(n+2)(n+3)\ldots 2n = \frac{\Gamma(2n+1)}{\Gamma(n+1)},$$

$$\tfrac{1}{2} . \tfrac{3}{2} . \tfrac{5}{2} \ldots \frac{2n-1}{2} = \frac{\Gamma(n+\tfrac{1}{2})}{\Gamma\tfrac{1}{2}}.$$

Divisant la première équation par la seconde, il vient

$$\frac{2n+2.2n+4\ldots 4n}{1\ .\ 3\ldots\ldots 2n-1} = \frac{\Gamma\frac{1}{2}\,\Gamma(2n+1)}{\Gamma(n+1)\,\Gamma(n+\frac{1}{2})}.$$

Lorsque n est un nombre entier, le premier membre se réduit à 2^{2n}; ainsi dans ce même cas on aura

$$\frac{\Gamma\frac{1}{2}\,\Gamma(2n+1)}{\Gamma(n+1)\,\Gamma(n+\frac{1}{2})} = 2^{2n}.$$

Cette équation ayant lieu lorsque n est un nombre entier à volonté, elle aura également lieu pour toute valeur de n, puisque Γa est une fonction continue de n. Si l'on fait ensuite $n = a - \frac{1}{2}$, on retombera exactement sur l'équation (9).

(17). Si l'on combine l'équation (9) avec la première des équations de l'art. 12, on aura l'équation (v) de l'art. 61, dont nous avons montré l'usage pour déterminer la fonction Γa dans toute l'étendue de la racine a, pourvu qu'on connaisse la valeur de cette fonction depuis $a = \frac{3}{4}$ jusqu'à $a = 1$. On pourrait prendre également pour intervalle connu celui de $a = 0$ à $a = \frac{1}{4}$, ou celui de $a = 1$ à $a = \frac{5}{4}$, comme on le verra ci-après.

(18). Pour revenir maintenant aux réductions dont nous avons parlé dans l'article 14, il faut voir quel usage nous pourrons faire de l'équation (9).

Si n est impair, il n'y a pas lieu de faire usage de cette équation, parce qu'il en naîtrait de nouvelles transcendantes dans lesquelles les quantités a auraient des valeurs fractionnaires dont le dénominateur serait $2n$, et qui ne seraient plus comprises dans la suite des transcendantes $\Gamma\frac{1}{n}$, $\Gamma\frac{2}{n}$, $\Gamma\frac{3}{n}$, etc.

Mais si n est pair, l'application de l'équation (9) aux valeurs successives $a = \frac{1}{n}$, $a = \frac{2}{n}$, etc. permettra de réduire le nombre des transcendantes $\Gamma\frac{1}{n}$, $\Gamma\frac{2}{n}$, etc. à $\frac{n-2}{4}$ ou $\frac{n}{4}$, selon que n sera de la forme $4i+2$ ou $4i$.

(19). Toute la théorie des intégrales Eulériennes, tant de l'espèce $\left(\frac{p}{q}\right)$ que de l'espèce Γa, est comprise dans le petit nombre de formules que nous venons d'exposer. On en peut déduire, sans exception, toutes les formules qu'Euler a données dans ses différens Mémoires sur ces intégrales, et toutes celles que nous leur avons ajoutées, d'après l'équation (d'), page 257, qui n'était pas connue de cet illustre auteur, non plus que l'équation (ν), page 284, qui en est une conséquence.

L'application de ces formules au cas de $n = 12$ a été donnée avec détail dans l'art. 18, page 238. On y a fait voir que, dans la méthode d'Euler, cinq transcendantes A, A_2, A_3, A_4, A_5 sont nécessaires pour déterminer toutes les intégrales $\left(\frac{p}{q}\right)$; elles suffisent aussi pour déterminer toutes les fonctions $\Gamma\frac{1}{12}$, $\Gamma\frac{2}{12}\ldots\Gamma\frac{11}{12}$, ainsi qu'il résulte des formules des art. 59 et 60.

Au moyen de l'équation (d'), ces cinq transcendantes ont été réduites à trois seulement, savoir, A_1, A_2, A_3, ce qui s'accorde avec le résultat général de l'art. précédent, qui donne $\frac{n}{4}$ pour le nombre de transcendantes nécessaires lorsque n est un multiple de 4.

Enfin, au moyen de diverses intégrations dont le résultat a été donné n° 155 de la première partie, on est parvenu, dans l'art. 19, à déterminer exactement le rapport de A_1 à A_3, ce qui réduit les trois transcendantes aux deux seules A_1, A_2. On peut donc réduire à deux seulement les fonctions $\Gamma\frac{1}{12}$, $\Gamma\frac{2}{12}\ldots\Gamma\frac{11}{12}$, de manière que ces deux fonctions étant connues, toutes les autres peuvent en être déduites.

Cette dernière réduction, qu'on n'avait obtenue que par des intégrations très-compliquées, méritait une attention particulière; elle donnait lieu de croire que la théorie des fonctions Γ devait contenir d'autres formules propres à opérer leur réduction. Ces formules ont en effet été découvertes par des recherches ultérieures, dont nous allons donner le résultat.

§ II. *Recherches ultérieures sur les propriétés des fonctions* Γ.

(20). Considérons la fonction $\varphi(x)$ exprimée par la suite infinie

$$\varphi(x) = \frac{x}{1+x} + \frac{1}{2} \cdot \frac{x}{2+x} + \frac{1}{3} \cdot \frac{x}{3+x} + \frac{1}{4} \cdot \frac{x}{4+x} + \text{etc.},$$

dans laquelle nous supposerons $x < 1$. Si l'on développe cette quantité suivant les puissances de x, et qu'on désigne, comme ci-dessus, par S_n la somme des puissances réciproques, de degré n, des nombres naturels, on aura

$$\varphi(x) = S_2 x - S_3 x^2 + S_4 x^3 - S_5 x^4 + \text{etc.}$$

Mais par l'équation (ω) du n° 77, deuxième partie, on a

$$\log \Gamma(1+x) = -Cx + \tfrac{1}{2} S_2 x^2 - \tfrac{1}{3} S_3 x^3 + \tfrac{1}{4} S_4 x^4 - \text{etc.}$$

Différenciant celle-ci et comparant le résultat à la valeur de $\varphi(x)$, on en tire

$$\varphi(x) = C + \frac{d \log \Gamma(1+x)}{dx} ; \qquad (10)$$

d'où l'on voit que la suite désignée par $\varphi(x)$ peut être sommée immédiatement, au moyen du coefficient différentiel de la fonction $\log \Gamma(1+x)$, puisque d'ailleurs C est une constante dont la valeur a été donnée n° 73.

Observons que la fonction $\varphi(x)$ peut être mise sous la forme

$$\left(1 - \frac{1}{1+x}\right) + \left(\frac{1}{2} - \frac{1}{2+x}\right) + \left(\frac{1}{3} - \frac{1}{3+x}\right) + \left(\frac{1}{4} - \frac{1}{4+x}\right) + \text{etc.};$$

alors on voit qu'elle est la différence de deux suites qui ont l'une et l'autre une somme infinie, mais qui étant ainsi retranchées terme à terme, se réduisent à une quantité finie. Cette quantité est d'ailleurs la même qui a été désignée par $C'-N$ dans l'art. 75, et elle représente par conséquent aussi la somme de la suite

suite harmonique

$$1 + \tfrac{1}{2} + \tfrac{1}{3} + \tfrac{1}{4} \cdots\cdots + \tfrac{1}{x}.$$

(21). Puisqu'on a généralement

$$\left(1 - \tfrac{1}{1+x}\right) + \left(\tfrac{1}{2} - \tfrac{1}{2+x}\right) + \left(\tfrac{1}{3} - \tfrac{1}{3+x}\right) + \text{etc.} = C + \frac{d\,l\,\Gamma(1+x)}{dx},$$

on trouvera, par des différentiations successives, les sommes de différentes séries, savoir :

$$\frac{1}{(1+x)^2} + \frac{1}{(2+x)^2} + \frac{1}{(3+x)^2} + \frac{1}{(4+x)^2} + \text{etc.} = \frac{dd\,l\,\Gamma(1+x)}{dx^2},$$

$$\frac{1}{(1+x)^3} + \frac{1}{(2+x)^3} + \frac{1}{(3+x)^3} + \frac{1}{(4+x)^3} + \text{etc.} = -\ \tfrac{1}{2} \cdot \frac{d^3\,l\,\Gamma(1+x)}{dx^3},$$

$$\frac{1}{(1+x)^4} + \frac{1}{(2+x)^4} + \frac{1}{(3+x)^4} + \frac{1}{(4+x)^4} + \text{etc.} = \tfrac{1}{2.3} \cdot \frac{d^4\,l\,\Gamma(1+x)}{dx^4},$$

$$\frac{1}{(1+x)^5} + \frac{1}{(2+x)^5} + \frac{1}{(3+x)^5} + \frac{1}{(4+x)^5} + \text{etc.} = -\tfrac{1}{2.3.4} \cdot \frac{d^5\,l\,\Gamma(1+x)}{dx^5},$$

etc.

Et en général, si l'on désigne par $\psi_n(1+x)$ la somme de la suite

$$\frac{1}{(1+x)^n} + \frac{1}{(2+x)^n} + \frac{1}{(3+x)^n} + \frac{1}{(4+x)^n} + \text{etc.},$$

on aura

$$\psi_n(1+x) = \frac{(-1)^n}{1.2.3\ldots n-1} \cdot \frac{d^n\,l\,\Gamma(1+x)}{dx^n},$$

de sorte que les sommes de toutes ces suites se déterminent par les coefficiens différentiels successifs de la fonction $l\,\Gamma(1+x)$; il faut seulement excepter le premier terme $\psi_1(1+x)$, d'où l'on a déduit tous les autres, et qui ne se détermine par $-\dfrac{d\,l\,\Gamma(1+x)}{dx}$, qu'en ajoutant la constante infinie $1 + \tfrac{1}{2} + \tfrac{1}{3} + \tfrac{1}{4} + \text{etc.}$

(22). Dans l'art. 41, deuxième partie, nous avons représenté par $(a, n)^m$ la somme de la suite infinie

$$\frac{1}{a^m} + \frac{1}{(a+n)^m} + \frac{1}{(a+2n)^m} + \frac{1}{(a+3n)^m} + \text{etc.}$$

Si l'on fait $a = nx$, cette suite devient

$$\frac{1}{n^m}\left(\frac{1}{x^m} + \frac{1}{(1+x)^m} + \frac{1}{(2+x)^m} + \text{etc.}\right).$$

Ainsi en faisant $x = \dfrac{a}{n}$, l'expression générale de la transcendante $(a, n)^m$ sera

$$(a, n)^m = \frac{1}{n^m}\cdot\psi_m(x) = \frac{(-1)^m}{1.2.3\ldots m-1}\cdot\frac{1}{n^m}\cdot\frac{d^m\, l\,\Gamma x}{dx^m}.$$

On peut encore remarquer qu'en faisant

$$\varphi_n(x) = 1 + \frac{1}{2^n} + \frac{1}{3^n} + \frac{1}{4^n}\cdots + \frac{1}{x^n},$$

on aura en général $\varphi_n(x) + \psi_n(1+x) = \text{const.} = S_n\,;$ donc

$$\varphi_n(x) = S_n - \psi_n(1+x) = S_n + \frac{(-1)^{n-1}}{1.2.3\ldots n-1}\cdot\frac{d^n\, l\,\Gamma(1+x)}{dx^n}.$$

C'est simplifier la théorie de ces diverses transcendantes, que de faire voir qu'elles dépendent d'une même fonction $l\,\Gamma(1+x)$ et de ses coefficiens différentiels successifs.

(23). Considérons maintenant d'une manière particulière l'équation

$$\frac{dd\, l\,\Gamma(1+x)}{dx^2} = \frac{1}{(1+x)^2} + \frac{1}{(2+x)^2} + \frac{1}{(3+x)^2} + \text{etc.},$$

que nous mettrons sous la forme

$$\frac{dd\, l\,\Gamma x}{dx^2} = \frac{1}{x^2} + \frac{1}{(1+x)^2} + \frac{1}{(2+x)^2} + \frac{1}{(3+x)^2} + \text{etc.} \qquad (12)$$

Cette formule est le principe d'où nous allons déduire de nouveaux théorèmes, qui serviront à perfectionner et même à compléter entièrement la théorie des fonctions Γ.

Soit, pour abréger, $f(x)$ la fonction qui forme le second membre de l'équation (12); si l'on met $2x$ à la place de x, on aura

$$f(2x) = \tfrac{1}{4}\left[\frac{1}{x^2} + \frac{1}{(\frac{1}{2}+x)^2} + \frac{1}{(1+x)^2} + \frac{1}{(\frac{3}{2}+x)^2} + \frac{1}{(2+x)^2} + \text{etc.}\right]:$$

dans la suite renfermée en parenthèses, les termes de rang impair ont pour somme $f(x)$, et les termes de rang pair ont pour somme $f(\frac{1}{2}+x)$. Ainsi on a

$$f(2x) = \tfrac{1}{4}f(x) + \tfrac{1}{4}f(\tfrac{1}{2}+x):$$

or l'équation (12) donne $f(x) = \frac{dd\,l\Gamma x}{dx^2}, f(\frac{1}{2}+x) = \frac{dd\,l\Gamma(\frac{1}{2}+x)}{dx^2}$, $f(2x) = \frac{dd\,l\Gamma(2x)}{4dx^2}$; substituant ces valeurs, il vient

$$\frac{dd\,l\Gamma(2x)}{dx^2} = \frac{dd\,l\Gamma x}{dx^2} + \frac{dd\,l\Gamma(\frac{1}{2}+x)}{dx^2};$$

multipliant par dx et intégrant, on a

$$\frac{d\,l\Gamma(2x)}{dx} = \frac{d\,l\Gamma x}{dx} + \frac{d\,l\Gamma(\frac{1}{2}+x)}{dx} + \alpha.$$

Multipliant encore par dx et intégrant, il vient

$$\log\Gamma(2x) = \log\Gamma x + \log\Gamma(\tfrac{1}{2}+x) + \alpha x + \mathfrak{C},$$

ou, en passant des logarithmes aux nombres,

$$\Gamma x\Gamma(\tfrac{1}{2}+x) = Ae^{-\alpha x}\Gamma(2x).$$

Il reste à déterminer les deux constantes A, α, introduites par l'intégration. Pour cela, soit x infiniment petit, on aura $\Gamma x = \frac{1}{x}$ et $\Gamma(2x) = \frac{1}{2x}$; donc $A = 2\Gamma\frac{1}{2}$. Soit ensuite $x = \frac{1}{2}$, on aura $Ae^{-\frac{1}{2}\alpha} = \Gamma\frac{1}{2}$, donc $e^{\frac{1}{2}\alpha} = 2$; donc l'équation générale est

$$\Gamma x\Gamma(\tfrac{1}{2}+x) = \Gamma(2x).2^{1-2x}\Gamma\tfrac{1}{2}.$$

Nous retombons ainsi sur l'équation (9) déjà démontrée de deux autres manières ; mais la même méthode va nous faire découvrir de nouvelles propriétés.

(24). En appelant toujours $f(x)$ le second membre de l'équation (12), si l'on met $3x$ à la place de x, on aura

$$f(3x) = \frac{1}{9}\left[\frac{1}{x^2} + \frac{1}{(\frac{1}{3}+x)^2} + \frac{1}{(\frac{2}{3}+x)^2} + \frac{1}{(1+x)^2} + \frac{1}{(\frac{4}{3}+x)^2} + \text{etc.}\right].$$

La suite contenue dans le second membre se décompose en trois autres, savoir :

$$\frac{1}{x^2} + \frac{1}{(1+x)^2} + \frac{1}{(2+x)^2} + \text{etc.} = f(x) ;$$

$$\frac{1}{(\frac{1}{3}+x)^2} + \frac{1}{(\frac{4}{3}+x)^2} + \frac{1}{(\frac{7}{3}+x)^2} + \text{etc.} = f(\tfrac{1}{3}+x) ,$$

$$\frac{1}{(\frac{2}{3}+x)^2} + \frac{1}{(\frac{5}{3}+x)^2} + \frac{1}{(\frac{8}{3}+x)^2} + \text{etc.} = f(\tfrac{2}{3}+x) ;$$

donc on a

$$f(3x) = \tfrac{1}{9}\left[f(x) + f(\tfrac{1}{3}+x) + f(\tfrac{2}{3}+x)\right].$$

Remettant au lieu de $f(x)$ sa valeur $\frac{dd\, l\Gamma x}{dx^2}$, et semblablement pour les autres termes, il vient

$$\frac{dd\, l\Gamma(3x)}{dx^2} = \frac{dd\, l\Gamma x}{dx^2} + \frac{dd\, l\Gamma(\frac{1}{3}+x)}{dx^2} + \frac{dd\, l\Gamma(\frac{2}{3}+x)}{dx^2}.$$

Intégrant cette équation deux fois consécutives, on obtient pour résultat

$$\Gamma x\,\Gamma(\tfrac{1}{3}+x)\,\Gamma(\tfrac{2}{3}+x) = \Gamma(3x).Ae^{-\alpha x}.$$

Pour déterminer les deux constantes A et α, soit, 1°. x infiniment petit, on aura $A = 3\Gamma\tfrac{1}{3}\,\Gamma\tfrac{2}{3} = \dfrac{3\pi}{\sin\frac{1}{3}\pi} = 2\pi\sqrt{3}$; soit, 2°. $x = \tfrac{1}{3}$, on aura $Ae^{-\frac{1}{3}\alpha} = \Gamma\tfrac{1}{3}\,\Gamma\tfrac{2}{3} = \tfrac{1}{3}A$, et par conséquent $e^{\alpha} = 3^3$. Donc on a l'équation

$$\Gamma x\,\Gamma\left(\tfrac{1}{3}+x\right)\Gamma\left(\tfrac{2}{3}+x\right)=2\pi\,.\,3^{\frac{1}{2}-3x}\,\Gamma(3x): \tag{13}$$

c'est la quatrième propriété générale des fonctions Γ.

(25). Si l'on considère semblablement la fonction $f(5x)$, et qu'on décompose la suite qu'elle représente en cinq autres, provenant des termes comptés de cinq en cinq, à commencer par le 1er, le 2e, le 3e, le 4e et le 5e, on obtiendra l'équation

$$f(5x)=\tfrac{1}{5}\left[fx+f(\tfrac{1}{5}+x)+f(\tfrac{2}{5}+x)+f(\tfrac{3}{5}+x)+f(\tfrac{4}{5}+x)\right],$$

ce qui donne l'équation différentielle

$$\frac{dd\,l\,\Gamma\,(5x)}{dx^2}=\frac{dd\,l\,\Gamma x}{dx^2}+\frac{dd\,l\,\Gamma\,(\tfrac{1}{5}+x)}{dx^2}+\frac{dd\,l\,\Gamma\,(\tfrac{2}{5}+x)}{dx^2}$$
$$+\frac{dd\,l\,\Gamma\,(\tfrac{3}{5}+x)}{dx^2}+\frac{dd\,l\,\Gamma\,(\tfrac{4}{5}+x)}{dx^2},$$

dont l'intégrale est

$$\Gamma x\,\Gamma(\tfrac{1}{5}+x)\Gamma(\tfrac{2}{5}+x)\Gamma(\tfrac{3}{5}+x)\Gamma(\tfrac{4}{5}+x)=\Gamma(5x)\,.\,Ae^{-\alpha x}.$$

Pour déterminer les constantes A et α, on fera successivement x infiniment petit et $x=\tfrac{1}{5}$, ce qui donnera

$$A=5\Gamma\tfrac{1}{5}\,\Gamma\tfrac{2}{5}\,\Gamma\tfrac{3}{5}\,\Gamma\tfrac{4}{5},$$

$$Ae^{-\tfrac{\alpha}{5}}=\Gamma\tfrac{1}{5}\,\Gamma\tfrac{2}{5}\,\Gamma\tfrac{3}{5}\,\Gamma\tfrac{4}{5}=\tfrac{1}{5}A\,;$$

donc $e^\alpha=5^5$: ensuite on a, par l'équation (3),

$$\Gamma\tfrac{1}{5}\,\Gamma\tfrac{4}{5}=\frac{\pi}{\sin\tfrac{1}{5}\pi}\,,\qquad\Gamma\tfrac{2}{5}\,\Gamma\tfrac{3}{5}=\frac{\pi}{\sin\tfrac{2}{5}\pi};$$

ce qui donne $A=\dfrac{5\pi^2}{\sin\tfrac{\pi}{5}\sin\tfrac{2\pi}{5}}=4\pi^2\sqrt{5}$. Donc enfin la fonction Γ

satisfait encore à l'équation

$$\Gamma x\,\Gamma(\tfrac{1}{5}+x)\Gamma(\tfrac{2}{5}+x)\Gamma(\tfrac{3}{5}+x)\Gamma(\tfrac{4}{5}+x)=\Gamma(5x)\,.\,(2\pi)^2\,.\,5^{\frac{1}{2}-5x}: \tag{14}$$

c'est la cinquième propriété générale des fonctions Γ.

(26). Il est facile de voir qu'on peut généraliser ces résultats et les comprendre dans une même formule. En effet, n étant un entier quelconque, la valeur de $f(nx)$ pourra se décomposer ainsi,

$$f(nx) = \frac{1}{n^2}\left[fx + f\left(\frac{1}{n} + x\right) + f\left(\frac{2}{n} + x\right)\ldots + f\left(\frac{n-1}{n} + x\right)\right];$$

il en résulte l'équation différentielle

$$\frac{dd\,l\Gamma(nx)}{dx} = \frac{dd\,l\Gamma x}{dx^2} + \frac{dd\,l\Gamma\left(\frac{1}{n} + x\right)}{dx^2}\ldots\ldots + \frac{dd\,l\Gamma\left(\frac{n-1}{n} + x\right)}{dx^2},$$

dont l'intégrale finie est

$$\Gamma x\,\Gamma\left(\frac{1}{n} + x\right)\Gamma\left(\frac{2}{n} + x\right)\ldots\Gamma\left(\frac{n-1}{n} + x\right) = \Gamma(nx).Ae^{-ax}.$$

Pour déterminer les deux constantes A et α, faisons successivement x infiniment petit et $x = \frac{1}{n}$, nous aurons ces deux équations

$$A = n\Gamma\frac{1}{n}\,\Gamma\frac{2}{n}\,\Gamma\frac{3}{n}\ldots\Gamma\frac{n-1}{n},$$

$$Ae^{-\frac{a}{n}} = \Gamma\frac{1}{n}\,\Gamma\frac{2}{n}\,\Gamma\frac{3}{n}\ldots\Gamma\frac{n-1}{n} = \frac{A}{n};$$

la dernière donne immédiatement $e^{a} = n^{n}$. Pour avoir la valeur de A, il faut distinguer deux cas, selon que n est pair ou impair.

Soit, 1°. $n = 2m$, les fonctions $\Gamma\frac{1}{n}$, $\Gamma\frac{2}{n}\ldots\Gamma\frac{n-2}{n}$, $\Gamma\frac{n-1}{n}$ auront un terme moyen $\Gamma\frac{1}{2} = \sqrt{\pi}$, et les termes également éloignés des extrêmes étant complémens l'un de l'autre, leur produit sera donné par l'équation (3) ; et on aura pour le produit total de ces fonctions,

$$\pi^{\frac{1}{2}}.\frac{\pi}{\sin\frac{\pi}{n}}.\frac{\pi}{\sin\frac{2\pi}{n}}.\frac{\pi}{\sin\frac{3\pi}{n}}\ldots\frac{\pi}{\sin\frac{m-1}{n}\pi} = \frac{\pi^{m-\frac{1}{2}}}{\sin\frac{\pi}{n}\sin\frac{2\pi}{n}\sin\frac{3\pi}{n}\ldots\sin\frac{m-1}{n}\pi},$$

Mais en faisant z infiniment petit dans la formule qui termine l'art. 240, *Introd. in An. inf.*, on trouve

$$\sin\frac{\pi}{n}\sin\frac{2\pi}{n}\sin\frac{3\pi}{n}\ldots\sin\frac{m-1}{n}\pi = 2^{\frac{1-n}{2}}\sqrt{n};$$

ce qui donne, dans le premier cas,

$$\Gamma\,\tfrac{1}{n}\,\Gamma\,\tfrac{2}{n}\,\Gamma\,\tfrac{3}{n}\ldots\Gamma\,\tfrac{n-1}{n} = (2\pi)^{\frac{n-1}{2}}\,n^{-\frac{1}{2}},$$

et par conséquent

$$A = (2\pi)^{\frac{n-1}{2}}\,n^{\frac{1}{2}}.$$

Soit, 2°. $n = 2m+1$, il n'y aura point de terme moyen dans la suite $\Gamma\,\tfrac{1}{n}$, $\Gamma\,\tfrac{2}{n}$, $\Gamma\,\tfrac{3}{n}\ldots\Gamma\,\tfrac{n-1}{n}$; mais les termes également éloignés des extrêmes étant toujours complémens l'un de l'autre, le produit de toutes ces fonctions sera

$$\frac{\pi}{\sin\frac{\pi}{n}}\cdot\frac{\pi}{\sin\frac{2\pi}{n}}\ldots\frac{\pi}{\sin\frac{m\pi}{n}} = \frac{\pi^m}{\sin\frac{\pi}{n}\sin\frac{2\pi}{n}\ldots\sin\frac{m\pi}{n}}.$$

D'une autre part, la formule citée d'Euler donne, lorsque n est impair,

$$\sin\frac{\pi}{n}\sin\frac{2\pi}{n}\sin\frac{3\pi}{n}\ldots\sin\frac{m\pi}{n} = 2^{\frac{1-n}{2}}\,n^{\frac{1}{2}};$$

donc on a encore dans ce cas,

$$\Gamma\,\tfrac{1}{n}\,\Gamma\,\tfrac{2}{n}\,\Gamma\,\tfrac{3}{n}\ldots\Gamma\,\tfrac{n-1}{n} = (2\pi)^{\frac{n-1}{2}}\,n^{-\frac{1}{2}},$$

et par conséquent

$$A = (2\pi)^{\frac{n-1}{2}}\,n^{\frac{1}{2}}.$$

Donc, quel que soit le nombre entier n, on aura généralement la formule

$$\Gamma x\,\Gamma\!\left(\tfrac{1}{n}+x\right)\Gamma\!\left(\tfrac{2}{n}+x\right)\ldots\Gamma\!\left(\tfrac{n-1}{n}+x\right) = \Gamma(nx).(2\pi)^{\frac{n-1}{2}}\,n^{\frac{1}{2}-nx}\ldots(15)$$

(27). Cette formule très-remarquable comprend comme cas particuliers, les formules (9), (13) et (14); elle en donnera tant d'autres qu'on voudra, en prenant pour n des valeurs en nombres entiers au-dessus de 5.

Il est bon néanmoins d'observer que les formules qui résultent de l'équation (15), en prenant pour n un nombre composé, ne sont que des conséquences de celles qui ont lieu en ne prenant pour n que des nombres premiers, et qu'ainsi il suffit de considérer ces dernières, en donnant à n les valeurs successives 2, 3, 5, 7, 11, etc. On obtiendra encore de cette manière une infinité d'équations auxquelles les fonctions Γ doivent satisfaire, et qui donnent les moyens de multiplier à l'infini les comparaisons et les réductions dont ce genre de transcendantes est susceptible.

(28). Nous observerons encore que dans les usages de la formule (15) et de toutes celles qui en dérivent, on peut se borner à faire $x < \frac{1}{n}$; car si l'on met $\frac{1}{n} + x$ à la place de x, la formule qui naît de cette substitution ne diffère pas de la formule (15); de sorte qu'on n'obtiendra entre les fonctions Γ que les mêmes relations qui peuvent être obtenues en supposant $x < \frac{1}{n}$.

(29). Nous pouvons même aller plus loin, et démontrer qu'il suffira de faire $x < \frac{1}{2n}$, parce que l'équation qui viendrait en supposant $x = \frac{1}{2n} + \omega$, ne différera pas essentiellement de celle que donne la supposition $x = \frac{1}{2n} - \omega$.

En effet, si l'on fait successivement ces deux substitutions dans l'équation (15), on aura

$$\Gamma\left(\frac{1}{2n}+\omega\right)\Gamma\left(\frac{3}{2n}+\omega\right)\Gamma\left(\frac{5}{2n}+\omega\right)\ldots\Gamma\left(\frac{2n-1}{2n}+\omega\right)=\Gamma(\tfrac{1}{2}+n\omega)\,(2\pi)^{\frac{n-1}{2}}n^{n\omega},$$

$$\Gamma\left(\frac{1}{2n}-\omega\right)\Gamma\left(\frac{3}{2n}-\omega\right)\Gamma\left(\frac{5}{2n}-\omega\right)\ldots\Gamma\left(\frac{2n-1}{2n}-\omega\right)=\Gamma(\tfrac{1}{2}-n\omega)\,(2\pi)^{\frac{n-1}{2}}n^{-n\omega}\,;$$

multipliant ces deux équations entr'elles, et observant que chaque fonction Γ dans une équation, trouve son complément dans l'autre, on aura pour le produit total cette équation,

$$\frac{\pi}{\sin\left(\frac{\pi}{2n}+\pi\omega\right)}\cdot\frac{\pi}{\sin\left(\frac{3\pi}{2n}+\pi\omega\right)}\cdots\frac{\pi}{\sin\left(\frac{2n-1}{2n}\pi+\pi\omega\right)}=\frac{\pi\,(2\pi)^{n-1}}{\sin\left(\frac{\pi}{2}+n\omega\pi\right)},$$

laquelle

laquelle, en faisant $\frac{\pi}{2n} + \omega\pi = z$, peut être mise sous cette forme,

$$\sin nz = 2^{n-1} \sin z \sin\left(\frac{\pi}{n} + z\right) \sin\left(\frac{2\pi}{n} + z\right)\ldots\sin\left(\frac{n-1}{n}\pi + z\right):$$

c'est l'équation déjà citée de l'art. 240, *Introd. in An. inf.*

De là on voit que les deux équations obtenues en faisant $x = \frac{1}{2n} + \omega$, $x = \frac{1}{2n} - \omega$, ne donnent qu'un seul et même résultat, et qu'ainsi dans l'application de l'équation (15), il suffira de faire $x < \frac{1}{2n}$.

On peut remarquer encore qu'en faisant $\omega = 0$, on a la formule

$$\Gamma\frac{1}{2n}\,\Gamma\frac{3}{2n}\,\Gamma\frac{5}{2n}\ldots\Gamma\frac{2n-1}{2n} = (2\pi)^{\frac{n-1}{2}}\,\Gamma\frac{1}{2},$$

laquelle se déduirait aisément de la formule générale

$$\Gamma\frac{1}{n}\,\Gamma\frac{2}{n}\,\Gamma\frac{3}{n}\ldots\Gamma\frac{n-1}{n} = (2\pi)^{\frac{n-1}{2}}n^{-\frac{1}{2}}.$$

(30). Il ne sera pas inutile de rassembler ici sous un même point de vue, toutes les équations qui contiennent les propriétés générales des fonctions Γ. Voici ces formules, accompagnées des lettres qui serviront dans la suite à les désigner.

(A) $\Gamma x = 1.2.3\ldots(x-1)$,

(B) $\Gamma(1+x) = x\,\Gamma x$,

(C) $\Gamma x\,\Gamma(1-x) = \dfrac{\pi}{\sin \pi x}$,

(D) $\Gamma x\,\Gamma(\frac{1}{2}+x) = \Gamma(2x).(2\pi)^{\frac{1}{2}}\,2^{\frac{1}{2}-2x}$,

(E) $\Gamma x\,\Gamma(\frac{1}{3}+x)\Gamma(\frac{2}{3}+x) = \Gamma(3x).(2\pi)^{1}\,3^{\frac{1}{2}-3x}$,

(F) $\Gamma x\,\Gamma(\frac{1}{5}+x)\Gamma(\frac{2}{5}+x)\Gamma(\frac{3}{5}+x)\Gamma(\frac{4}{5}+x) = \Gamma(5x).(2\pi)^{2}\,5^{\frac{1}{2}-5x}$,

$$\vdots$$

(N) $\Gamma x\,\Gamma(\frac{1}{n}+x)\Gamma(\frac{2}{n}+x)\ldots\Gamma(\frac{n-1}{n}+x) = \Gamma(nx).(2\pi)^{\frac{n-1}{2}}n^{\frac{1}{2}-nx}$.

Ces équations offrent une infinité de manières de comparer entre elles les fonctions Γ, et d'opérer toutes les réductions que leur nature comporte. On peut démontrer, par exemple, qu'il suffit de connaître la fonction Γ dans une petite partie de la première période, pour pouvoir déterminer cette fonction dans tout le reste de la période. On peut aussi considérer parmi les fonctions Γx, celles qui se rapportent aux diverses valeurs rationnelles de x qui ont un même dénominateur, et se proposer de réduire toutes ces transcendantes au moindre nombre possible. De là naissent différens problèmes curieux qui jetteront un nouveau jour sur la nature des fonctions Γ, et sur lesquels nous allons donner quelques recherches.

§ III. *Réduction générale des fonctions* Γ.

(31). Nous nous proposerons d'abord de faire voir qu'au moyen de l'équation (D), il suffit de connaître la fonction Γx depuis $x = 0$ jusqu'à $x = \frac{1}{4}$, pour pouvoir déterminer cette fonction dans tout le reste de la première période, depuis $x = \frac{1}{4}$ jusqu'à $x = 1$.

Comme il s'agit ici non d'effectuer la solution, mais d'en démontrer la possibilité, nous ferons usage de quelques signes propres à abréger les calculs. Pour cet effet, désignons log Γx par (x), les équations (C) et (D) pourront s'écrire ainsi,

$$(x) + (1 - x) = l\,\frac{\pi x}{\sin \pi x},$$
$$(x) + (\tfrac{1}{2} + x) - (2x) = \tfrac{1}{2}\, l(2\pi) + (\tfrac{1}{2} - 2x)\, l2.$$

Les seconds membres de ces équations étant des quantités connues lorsque x est donné, nous les représenterons par la lettre d, initiale du mot *donnée*, qui désignera également toute quantité composée de termes connus. Nos deux équations peuvent donc se représenter par la notation suivante,

$$(C) \qquad\qquad (x) + (1 - x) = d,$$
$$(D) \qquad\qquad (x) + (\tfrac{1}{2} - x) - (2x) = d.$$

Cela posé, si dans l'équation (D) on fait $x = \frac{1}{4} + \alpha$, on aura

$$\left(\tfrac{1}{4} + \alpha\right) + \left(\tfrac{3}{4} + \alpha\right) - \left(\tfrac{1}{2} + 2\alpha\right) = d.$$

Mais par l'équation (C) on a $\left(\tfrac{3}{4} + \alpha\right) = -\left(\tfrac{1}{4} - \alpha\right) + d$, et par l'équation (D), $\left(\tfrac{1}{2} + 2\alpha\right) = (4\alpha) - (2\alpha) + d$; donc

$$\left(\tfrac{1}{4} + \alpha\right) = \left(\tfrac{1}{4} - \alpha\right) + (4\alpha) - (2\alpha) + d.$$

Tant qu'on aura $\alpha < \frac{1}{12}$, cette équation déterminera la fonction (x) ou $\left(\tfrac{1}{4} + \alpha\right)$ par d'autres fonctions où x est moindre. Ainsi en donnant à α toutes les valeurs depuis $\alpha = 0$ jusqu'à $\alpha = \frac{1}{12}$, on connaîtra la fonction (x) depuis $x = \frac{1}{4}$ jusqu'à $x = \frac{1}{3}$.

(32). Par exemple, soit $x = \frac{7}{24}$ ou $\alpha = \frac{1}{24}$, on aura

$$\left(\tfrac{7}{24}\right) = \left(\tfrac{5}{24}\right) + \left(\tfrac{1}{6}\right) - \left(\tfrac{1}{12}\right) + d;$$

ainsi la valeur de $\left(\tfrac{7}{24}\right)$ est composée de quantités connues.

Soit encore $x = \frac{19}{60}$ ou $\alpha = \frac{4}{15}$, on aura

$$\left(\tfrac{19}{60}\right) = \left(\tfrac{11}{60}\right) + \left(\tfrac{4}{15}\right) - \left(\tfrac{2}{15}\right) + d.$$

Dans le second membre, la fonction $\left(\tfrac{4}{15}\right)$ n'est pas donnée immédiatement, puisque $\frac{4}{15}$ est $> \frac{1}{4}$; mais on aura sa valeur par la même formule, en faisant $\alpha = \frac{4}{15} - \frac{1}{4} = \frac{1}{60}$, ce qui donne

$$\left(\tfrac{4}{15}\right) = \left(\tfrac{14}{60}\right) + \left(\tfrac{4}{60}\right) - \left(\tfrac{2}{60}\right) + d;$$

d'où l'on voit que $\left(\tfrac{19}{60}\right)$ deviendra entièrement connu.

(33). Lorsqu'on fait $x = \frac{1}{3}$ ou $\alpha = \frac{1}{12}$, la formule précédente ne détermine pas la fonction $\left(\tfrac{1}{3}\right)$; mais alors les équations (C) et (D) donnent immédiatement

$$\left(\tfrac{1}{3}\right) + \left(\tfrac{2}{3}\right) = d, \quad \left(\tfrac{1}{6}\right) + \left(\tfrac{2}{3}\right) - \left(\tfrac{1}{3}\right) = d;$$

d'où l'on tire la valeur cherchée

$$\left(\tfrac{1}{3}\right) = \tfrac{1}{2}\left(\tfrac{1}{6}\right) + d.$$

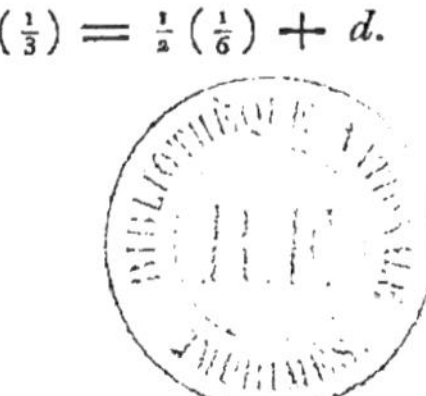

Connaissant la fonction (x) depuis $x = 0$ jusqu'à $x = \frac{1}{3}$, il reste à la déterminer depuis $x = \frac{1}{3}$ jusqu'à $x = \frac{1}{2}$. Or par la combinaison des équations (C) et (D), on a la formule

$$\left(\tfrac{1}{2} - \alpha\right) = (\alpha) - (2\alpha) + d.$$

Si l'on donne à α toutes les valeurs depuis $\alpha = 0$ jusqu'à $\alpha = \frac{1}{6}$, le second membre sera connu ; ainsi on aura la valeur de la fonction (x) ou $\left(\tfrac{1}{2} - \alpha\right)$, depuis $x = \frac{1}{3}$ jusqu'à $x = \frac{1}{2}$.

On peut donc déterminer la fonction Γx pour toute valeur de la racine x, pourvu qu'on connaisse cette fonction depuis $x = 0$ jusqu'à $x = \frac{1}{4}$.

Ce problème revient à celui que nous avons résolu dans l'art. 61, deuxième partie ; mais la méthode précédente fait voir plus clairement la possibilité de la solution.

(34). Il ne serait pas difficile d'ailleurs d'obtenir les solutions effectives, en réalisant les quantités désignées par d ; on trouverait alors les trois équations

$$\left(\tfrac{1}{4} + \alpha\right) = \left(\tfrac{1}{4} - \alpha\right) - (2\alpha) + (4\alpha) + \left(\tfrac{1}{2} + 2\alpha\right) l2 + l\sin\left(\tfrac{1}{4} - \alpha\right)\pi,$$
$$2\left(\tfrac{1}{3}\right) = \left(\tfrac{1}{6}\right) + \tfrac{1}{2} l\pi - \tfrac{2}{3} l2 - l\sin\tfrac{1}{3}\pi,$$
$$\left(\tfrac{1}{2} - \alpha\right) = (\alpha) - (2\alpha) + \tfrac{1}{2} l\pi - (1 - 2\alpha) l2 - l\cos a\pi.$$

La première servira à déterminer la fonction (x) depuis $x = \frac{1}{4}$ jusqu'à $x = \frac{1}{3}$; la seconde déterminera la fonction $\left(\tfrac{1}{3}\right)$, et la troisième servira à déterminer la fonction (x) depuis $x = \frac{1}{3}$ jusqu'à $x = \frac{1}{2}$. Enfin, d'après ces données, l'équation (C) servira à déterminer la fonction (x) depuis $x = \frac{1}{2}$ jusqu'à $x = 1$.

(35). Puisque l'emploi des équations (C) et (D) donne les moyens de réduire à $\frac{1}{4}$ la partie de la première période où la fonction Γx doit être connue, afin de déterminer cette fonction dans la période entière, on peut conjecturer de là que si à ces équations on joint l'équation (E), il sera possible de réduire ultérieurement à $\frac{1}{4}\left(1 - \frac{1}{3}\right)$ ou $\frac{1}{6}$, la partie de la période qui sert à déterminer tout le reste.

C'est ce que nous allons vérifier par une analyse semblable à la précédente.

Supposons que la fonction (x) est connue depuis $x = 0$ jusqu'à $x = \frac{1}{6}$; d'après l'équation (E) on aura

$$(\tfrac{1}{6} + \alpha) + (\tfrac{1}{2} + \alpha) + (\tfrac{5}{6} + \alpha) - (\tfrac{1}{2} + 3\alpha) = d.$$

Mais l'équation (D) donne $(\tfrac{1}{2} + \alpha) = (2\alpha) - (\alpha) + d$, $(\tfrac{1}{2} + 3\alpha) = (6\alpha) - (3\alpha) + d$, et l'équation (C) donne $(\tfrac{5}{6} + \alpha) = -(\tfrac{1}{6} - \alpha) + d$; on a donc la formule

$$(\tfrac{1}{6} + \alpha) = (\tfrac{1}{6} - \alpha) + (\alpha) - (2\alpha) - (3\alpha) + (6\alpha) + d.$$

Tant que 6α sera plus petit que $\frac{1}{6} + \alpha$, ou tant qu'on prendra $\alpha < \frac{1}{30}$, cette équation donnera la valeur de (x) ou $(\frac{1}{6} + \alpha)$ par des fonctions dont la racine est moindre. Ainsi on connaîtra la valeur de la fonction (x) depuis $x = \frac{1}{6}$ jusqu'à $x = \frac{1}{5}$.

La formule précédente ne détermine pas la valeur de la fonction $(\frac{1}{5})$; mais par une autre formule que nous donnerons ci-après (art. 45), on a

$$(\tfrac{1}{5}) = (\tfrac{1}{30}) - \tfrac{1}{2}(\tfrac{1}{6}) + d.$$

(36). Il reste à déterminer la fonction (x) depuis $x = \frac{1}{5}$ jusqu'à $x = \frac{1}{2}$. Pour cela, soit $\alpha = \frac{1}{30} + z$, l'équation précédente deviendra

$$(\tfrac{1}{5} + 6z) = (\tfrac{1}{5} + z) + (\tfrac{1}{10} + 3z) + (\tfrac{1}{15} + 2z) - (\tfrac{1}{30} + z) - (\tfrac{2}{15} - z) + d.$$

Pour faire usage de cette formule, il faut supposer connue la fonction $(\frac{1}{5} + z)$ depuis $z = 0$ jusqu'à $z = \omega$, ω étant une quantité aussi petite qu'on voudra. Alors donnant à z toutes les valeurs depuis $z = 0$ jusqu'à $z = \frac{1}{20}$, on connaîtra la fonction (x) ou $(\frac{1}{5} + 6z)$, depuis $x = \frac{1}{5}$ jusqu'à $x = \frac{1}{2}$.

On peut aussi ne faire usage de la formule précédente que depuis $z = 0$ jusqu'à $z = \frac{1}{45}$, ce qui fera connaître la fonction (x) depuis $x = \frac{1}{5}$ jusqu'à $x = \frac{1}{3}$. On déterminera ensuite cette fonction depuis

$x = \frac{1}{3}$ jusqu'à $x = \frac{1}{2}$, par la formule

$$\left(\tfrac{1}{2} - x \right) = (x) - (2x) + d.$$

Cette solution est fort simple, puisqu'elle est fondée sur une seule formule mise sous deux formes différentes ; mais elle suppose qu'outre la partie de la période connue depuis $x = 0$ jusqu'à $x = \frac{1}{6}$, on connaît encore la partie comprise depuis $x = \frac{1}{5}$ jusqu'à $x = \frac{1}{5} + \omega$, ω étant une quantité qui, à la vérité, peut être aussi petite qu'on voudra, mais qui ne peut être tout à fait anéantie. Voici un autre moyen de résoudre le même problème, en supposant connues deux parties de la période non contiguës, mais telles que leur somme se réduit précisément à $\frac{1}{6}$.

(37). Supposons la fonction (x) connue dans deux parties de la première période, savoir, depuis $x = 0$ jusqu'à $x = \frac{1}{18}$, et depuis $x = \frac{5}{18}$ jusqu'à $x = \frac{7}{18}$: ces deux parties réunies font une somme égale à $\frac{1}{6}$; et pour déterminer la fonction (x) dans tout le reste de la période, il faudra exécuter les opérations suivantes :

1°. Par les formules (E) et (C), on a

$$(3\alpha) = (\alpha) + \left(\tfrac{1}{3} + \alpha \right) - \left(\tfrac{1}{3} - \alpha \right) + d :$$

le second membre est connu depuis $\alpha = 0$ jusqu'à $\alpha = \frac{1}{18}$, ainsi on connaîtra la fonction (x) depuis $x = 0$ jusqu'à $x = \frac{1}{6}$.

2°. D'après les équations (C) et (D), on a

$$\left(\tfrac{3 + \alpha}{18} \right) = \left(\tfrac{6 - \alpha}{18} \right) + \left(\tfrac{6 + 2\alpha}{18} \right) + d :$$

le second membre est connu depuis $\alpha = 0$ jusqu'à $\alpha = \frac{1}{2}$; donc on connaîtra la fonction (x) depuis $x = 0$ jusqu'à $x = \frac{7}{36}$.

3°. Mettant $\alpha - 1$ à la place de α dans l'équation précédente, on en tire

$$\left(\tfrac{4 + 2\alpha}{18} \right) = \left(\tfrac{2 + \alpha}{18} \right) - \left(\tfrac{7 - \alpha}{18} \right) + d :$$

le second membre de celle-ci est connu depuis $\alpha = 0$ jusqu'à

$\alpha = \frac{1}{2}$; donc on connaîtra la fonction (x) depuis $x = \frac{4}{18}$ jusqu'à $x = \frac{5}{18}$.

Par ces trois premières opérations, la fonction (x) devient connue depuis $x = 0$ jusqu'à $x = \frac{7}{36}$, et depuis $x = \frac{4}{18}$ jusqu'à $x = \frac{7}{18}$. Il faut maintenant remplir la lacune que laissent ces deux espaces, depuis $x = \frac{7}{36}$ jusqu'à $x = \frac{8}{36}$, ou depuis $x = \frac{1}{5} - \frac{1}{180}$ jusqu'à $x = \frac{1}{5} + \frac{4}{180}$.

4°: D'après l'équation (D), on a

$$\left(\tfrac{1}{5} + z\right) + \left(\tfrac{7}{10} + z\right) - \left(\tfrac{2}{5} + 2z\right) = d :$$

les termes $\left(\tfrac{7}{10} + z\right)$, $\left(\tfrac{2}{5} + 2z\right)$ peuvent être remplacés par leurs complémens $-\left(\tfrac{3}{10} - z\right)$, $-\left(\tfrac{3}{5} - 2z\right)$; ensuite, par l'équation (D), le terme $\left(\tfrac{3}{5} - 2z\right)$ peut être remplacé par $\left(\tfrac{1}{5} - 4z\right) - \left(\tfrac{1}{10} - 2z\right)$. On aura donc

$$\left(\tfrac{1}{5} + z\right) + \left(\tfrac{1}{5} - 4z\right) = \left(\tfrac{3}{10} - z\right) + \left(\tfrac{7}{10} - 2z\right) + d.$$

Dans cette équation, le second membre sera toujours connu, pourvu que z positif ou négatif ne surpasse pas $\frac{1}{20}$.

Cela posé, donnons à z toutes les valeurs depuis $z = \frac{1}{720}$ jusqu'à $z = \frac{4}{180}$; la fonction $\left(\tfrac{1}{5} - 4z\right)$ est connue dans cet intervalle, ainsi on connaîtra la fonction (x) représentée par $\left(\tfrac{1}{5} + z\right)$, depuis $x = \frac{1}{5} + \frac{1}{720}$ jusqu'à $x = \frac{1}{5} + \frac{4}{180}$. Donc l'intervalle où la fonction (x) reste inconnue ne s'étend plus que depuis $x = \frac{1}{5} - \frac{1}{180}$ jusqu'à $x = \frac{1}{5} + \frac{1}{720}$.

Donnons maintenant à z des valeurs négatives, depuis $z = -\frac{1}{4} \cdot \frac{1}{720}$ jusqu'à $z = -\frac{4}{720}$; la fonction $\left(\tfrac{1}{5} - 4z\right)$ sera connue dans cet intervalle, ainsi on connaîtra la fonction $\left(\tfrac{1}{5} + z\right)$ depuis $z = -\frac{1}{2880}$ jusqu'à $z = -\frac{1}{180}$; de sorte que l'intervalle où la fonction (x) reste inconnue se trouve de nouveau resserré entre $x = \frac{1}{5} - \frac{1}{2880}$ et $x = \frac{1}{5} + \frac{1}{720}$.

On continuera de procéder de la même manière, en attribuant à z des valeurs alternativement positives et négatives. Si l'intervalle inconnu s'étend d'abord depuis $x = \frac{1}{5} - \omega$ jusqu'à $x = \frac{1}{5} + 4\omega$, une première opération resserrera cet intervalle entre les limites $x = \frac{1}{5} - \omega$, $x = \frac{1}{5} + \frac{1}{4}\omega$; une seconde opération le resserrera encore entre les limites $x = \frac{1}{5} - \frac{1}{16}\omega$ et $x = \frac{1}{5} + \frac{1}{4}\omega$, et ainsi de suite. D'où l'on voit que l'intervalle inconnu finira par s'anéantir dans la limite $x = \frac{1}{5}$; et en ce point on aura, toujours d'après la même formule,

$$\left(\tfrac{1}{5}\right) = \tfrac{1}{2}\left(\tfrac{7}{10}\right) + \tfrac{1}{2}\left(\tfrac{1}{10}\right) + d.$$

5°. La valeur de la fonction (x) étant connue depuis $x = 0$ jusqu'à $x = \frac{7}{18}$; pour la trouver depuis $x = \frac{7}{18}$ jusqu'à $x = \frac{1}{2}$, on fera usage de la formule

$$\left(\tfrac{1}{2} - x\right) = (x) - (2x) + d.$$

(38). On voit donc qu'il est possible de déterminer la valeur de la fonction Γx, dans toute l'étendue de la première période, et de là pour toute valeur de x, pourvu qu'on connaisse cette fonction dans une partie assez petite de cette période.

La partie qu'il faut connaître est $\frac{1}{2}$, quand on ne fait usage que de l'équation (C); elle se réduit à $\frac{1}{4}$, lorsqu'on fait usage des deux équations (C) et (D), et elle se réduit de nouveau à $\frac{1}{6}$, lorsqu'on fait usage des trois équations (C), (D), (E). Elle se réduirait ultérieurement en faisant usage de l'équation (F) et des suivantes; mais la proportion de cette réduction et la distribution des parties qui conduisent à la plus grande réduction, pourraient faire l'objet d'un genre de recherches analytiques qu'il ne nous paraît pas nécessaire de continuer plus loin. Nous nous contenterons de remarquer que les fonctions Γ se rapprochent, par ces propriétés, des fonctions circulaires, logarithmiques et même elliptiques, qu'il suffit de connaître dans un intervalle aussi petit qu'on voudra, pour pouvoir les déterminer dans toute leur étendue.

§ IV.

§ IV. *Formules pour réduire au moindre nombre possible les transcendantes contenues dans la suite* $\Gamma\frac{1}{n}$, $\Gamma\frac{2}{n}$, $\Gamma\frac{3}{n}\ldots\Gamma\frac{n-1}{n}$, n *étant un nombre entier donné.*

(39). Si n est un nombre premier, on ne pourra faire usage que de l'équation des complémens (C), et les transcendantes dont il s'agit ne pourront être réduites à un nombre moindre que $\frac{1}{2}(n-1)$. Mais si n est un nombre composé, chaque facteur premier de n donnera lieu à l'application de celle des équations (D), (E), (F), etc., qui est relative à ce facteur, et il en résultera des réductions d'autant plus multipliées, que n aura plus de facteurs simples.

Si n est divisible par 2, on pourra appliquer l'équation (D), dans laquelle on fera successivement $x=\frac{1}{n}$, $x=\frac{2}{n}$, $x=\frac{3}{n}$, etc., jusqu'à $x=\frac{1}{4}$, ce qui donnera autant d'équations de condition entre les fonctions $\Gamma\frac{1}{n}$, $\Gamma\frac{2}{n}$, $\Gamma\frac{3}{n}\ldots\Gamma\frac{n-1}{2n}$. On se borne à chercher des relations entre ces fonctions, parce que les suivantes, jusqu'à $\Gamma\frac{n-1}{n}$, se déduisent de celles-ci par l'équation (C), excepté $\Gamma\frac{1}{2}$, dont la valeur est connue.

Si n est divisible par 3, on fera l'application de l'équation (E), en donnant à x les valeurs successives $\frac{1}{n}$, $\frac{2}{n}$, $\frac{3}{n}\ldots$ jusqu'à $\frac{1}{6}$ exclusivement, ce qui donnera de nouvelles équations de condition.

On fera un semblable usage de l'équation (E), si n est divisible par 5; de l'équation (F), si n est divisible par 7, et ainsi de suite.

On aura de cette manière toutes les équations de condition qui serviront à réduire au moindre nombre possible les transcendantes $\Gamma\frac{1}{n}$, $\Gamma\frac{2}{n}\ldots\Gamma\frac{n-1}{n}$, et qui feront connaître en même temps celles de ces fonctions qui sont nécessaires pour exprimer toutes les autres.

(40). Considérons pour premier exemple le cas de $n = 12$, et désignons, pour abréger, $\log \Gamma \left(\frac{k}{12} \right)$ par Zk; la question est de réduire au moindre nombre possible les transcendantes $Z1$, $Z2$, $Z3$, $Z4$, $Z5$; et pour cela nous aurons à faire l'application des équations (D) et (E), puisque n a pour facteurs premiers 2 et 3.

Les valeurs à substituer dans l'équation (D) se réduisent à deux seulement, $x = \frac{1}{12}$, $x = \frac{5}{12}$, parce qu'on doit supposer $x < \frac{1}{4}$; il en résulte les deux équations de condition

$$Z1 + Z7 - Z2 = \tfrac{1}{2} l\pi + \tfrac{5}{6} l2,$$
$$Z2 + Z8 - Z4 = \tfrac{1}{2} l\pi + \tfrac{4}{6} l2.$$

Au lieu de $Z7$ et $Z8$ il faut introduire leurs complémens $Z5$ et $Z4$, ce qui se fera par l'équation (C), qui donne, en faisant $\frac{1}{12}\pi = \omega$,

$$Z5 + Z7 = l\,\frac{\pi}{\sin 5\omega} = l\pi + 2l2 + l\sin\omega,$$

$$Z4 + Z8 = l\,\frac{\pi}{\sin 4\omega} = l\pi + l2 - \tfrac{1}{2}l3.$$

Cette substitution donnera

$$Z5 = Z1 - Z2 + \tfrac{1}{2} l\pi + \tfrac{7}{6} l2 + l\sin\omega,$$
$$Z4 = \tfrac{1}{2} Z2 + \tfrac{1}{4} l\pi + \tfrac{1}{6} l2 - \tfrac{1}{4} l3.$$

L'équation (D) ayant fourni deux équations de condition, on voit que les cinq transcendantes dont il s'agit se réduisent à trois, qui sont $Z1$, $Z2$, $Z3$; et cette solution est dans le fond la même que celle de l'art. 18, deuxième partie, où l'on n'a fait usage que des équations qui, pour les fonctions $\left(\frac{p}{q} \right)$, répondent aux deux équations (C) et (D) relatives aux fonctions Γ. Mais l'application de l'équation (E), due au facteur premier 3, fournira encore une nouvelle réduction.

Puisqu'on doit prendre $x < \frac{1}{6}$, on n'aura à substituer dans l'équation (E) que la seule valeur $x = \frac{1}{12}$, ce qui donnera l'équation de condition

$$Z_1 + Z_5 + Z_9 - Z_3 = l(2\pi) + \tfrac{1}{4} l 3;$$

mais par l'équation (C) on a $Z_3 + Z_9 = l \frac{\pi}{\sin 3\omega} = l\pi + \tfrac{1}{2} l 2;$ donc

$$Z_1 + Z_5 - 2Z_3 = \tfrac{1}{2} l 2 + \tfrac{1}{4} l 3.$$

Substituant dans celle-ci la valeur de Z_5 exprimée par Z_1 et Z_2, il viendra

$$Z_3 = Z_1 - \tfrac{1}{2} Z_2 + \tfrac{1}{4} l \pi + \tfrac{1}{3} l 2 - \tfrac{1}{8} l 3 + \tfrac{1}{2} l \sin \omega;$$

d'où l'on voit que les deux transcendantes Z_1, Z_2 suffisent pour déterminer toutes les autres : c'est le dernier terme des réductions qui peuvent avoir lieu entre les diverses transcendantes désignées par $\Gamma \frac{k}{12}$.

(41). Nous avions déjà atteint ce terme dans les formules de l'art. 19, deuxième partie; mais nous n'y étions parvenus qu'à l'aide de diverses intégrations fort compliquées, dont le résultat est contenu dans l'art. 155, première partie. En vertu de ces intégrations, on a déterminé (art. 19) le rapport des deux quantités M_1, M_3, comme il suit :

$$\frac{M_1}{M_3} = 2^{\frac{4}{3}} 3^{\frac{1}{4}} \cos \omega = \frac{2^{-\frac{2}{3}} 3^{\frac{1}{4}}}{\sin \omega}.$$

Or, par la formule du n° 13, on a

$$M_1 = \left(\tfrac{1}{1}\right) = \frac{\Gamma\frac{1}{12}\,\Gamma\frac{1}{12}}{12\,\Gamma\frac{2}{12}},$$

$$M_3 = \left(\tfrac{3}{3}\right) = \frac{\Gamma\frac{3}{12}\,\Gamma\frac{3}{12}}{12\,\Gamma\frac{1}{2}};$$

donc

$$\frac{M_1}{M_3} = \left(\frac{\Gamma\frac{1}{12}}{\Gamma\frac{3}{12}}\right)^2 \cdot \frac{\Gamma\frac{1}{2}}{\Gamma\frac{2}{12}} = \frac{2^{-\frac{2}{3}} 3^{\frac{1}{4}}}{\sin \omega}.$$

Cette équation permet de déterminer $\Gamma\frac{3}{12}$ par le moyen des deux transcendantes $\Gamma\frac{1}{12}$, $\Gamma\frac{2}{12}$, et on en tire, suivant la notation précédente,

$$Z_3 = Z_1 - \tfrac{1}{2}Z_2 + \tfrac{1}{4}l\pi + \tfrac{1}{3}l2 - \tfrac{1}{8}l3 + \tfrac{1}{2}l\sin\omega,$$

valeur qui s'accorde entièrement avec celle qu'on a déduite de l'équation (E).

Ainsi le résultat qui avait été trouvé presque fortuitement par des intégrations très-difficiles, est donné immédiatement par l'équation (E). En général, il paraît que les seules réductions qui peuvent avoir lieu entre les fonctions Γ, sont celles que donnent les équations (C), (D), (E) et les suivantes, lorsque l'application peut en être faite, à raison des nombres premiers qui sont diviseurs de n. Ces équations ont d'ailleurs l'avantage de conduire aux réductions par la voie la plus simple et la plus courte, comme on vient d'en voir un exemple ; elles paraissent donc ne rien laisser à desirer sur la théorie des fonctions Γ.

(42). Dans l'exemple dont nous venons de développer la solution, le calcul nous a conduits à prendre Z_1 et Z_2 pour les termes avec lesquels on devait exprimer tous les autres. Mais Z_1 et Z_2 étant relatifs aux fonctions $\Gamma\frac{1}{12}$, $\Gamma\frac{2}{12}$, il peut paraître plus simple de prendre pour termes de comparaison les fonctions $\Gamma\frac{1}{3}$ et $\Gamma\frac{1}{4}$. Dans cette hypothèse, il faudra exprimer Z_1, Z_2 et Z_5 par le moyen de Z_3 et Z_4. C'est ce qu'on peut faire facilement, au moyen des formules précédentes, et voici le résultat du calcul dans lequel nous comprenons toutes les valeurs de $\log\Gamma\frac{k}{12}$, excepté $\log\Gamma\frac{1}{2}$.

$$l\Gamma\tfrac{1}{12} = l\Gamma\tfrac{1}{4} + l\Gamma\tfrac{1}{3} - \tfrac{1}{2}l\pi - \tfrac{1}{2}l2 + \tfrac{3}{8}l3 - \tfrac{1}{2}l\sin\tfrac{\pi}{12},$$

$$l\Gamma\tfrac{2}{12} = 2\,l\Gamma\tfrac{1}{3} - \tfrac{1}{2}l\pi - \tfrac{1}{3}l2 + \tfrac{1}{2}l3,$$

$$l\Gamma\tfrac{5}{12} = l\Gamma\tfrac{1}{4} - l\Gamma\tfrac{1}{3} + \tfrac{1}{2}l\pi + l2 - \tfrac{1}{8}l3 + \tfrac{1}{2}l\sin\tfrac{\pi}{12},$$

$$l\Gamma\tfrac{7}{12} = l\Gamma\tfrac{1}{3} - l\Gamma\tfrac{1}{4} + \tfrac{1}{2}l\pi + l2 + \tfrac{1}{8}l3 + \tfrac{1}{2}l\sin\tfrac{\pi}{12},$$

$$l\Gamma\tfrac{8}{12} = - l\Gamma\tfrac{1}{3} + l\pi + l2 - \tfrac{1}{2}l3,$$

$$l\,\Gamma\tfrac{9}{12} = -\,l\,\Gamma\tfrac{1}{4} + l\pi + \tfrac{1}{2}l\,2,$$

$$l\,\Gamma\tfrac{10}{12} = -\,2\,l\,\Gamma\tfrac{1}{3} + \tfrac{3}{2}l\pi + \tfrac{4}{3}l\,2 - \tfrac{1}{2}l\,3,$$

$$l\,\Gamma\tfrac{11}{12} = -\,l\,\Gamma\tfrac{1}{4} - l\,\Gamma\tfrac{1}{3} + \tfrac{3}{2}l\pi + \tfrac{1}{2}l\,2 - \tfrac{3}{8}l\,3 - \tfrac{1}{2}l\sin\tfrac{\pi}{12}.$$

(43). Dans les articles 18 et 19 de la deuxième partie, on a trouvé qu'en faisant $B = F^1(\sin 45°)$ et $C = F^1(\sin 15°)$, les transcendantes $\Gamma\tfrac{1}{3}$, $\Gamma\tfrac{1}{4}$ peuvent s'exprimer par les fonctions B et C, au moyen des équations

$$\Gamma^2\tfrac{1}{4} = 4B\sqrt{\pi},$$

$$\Gamma^3\tfrac{1}{3} = 2^{\frac{7}{3}}3^{-\frac{1}{4}}C\pi;$$

mais par la théorie des fonctions elliptiques, on trouve les logarithmes vulgaires de B et C, comme il suit :

$$\log B = 0.26812\ 72224\ 1192,$$

$$\log C = 0.20361\ 53657\ 1262.$$

De là résultent les valeurs des transcendantes $\log\Gamma\dfrac{k}{12}$ et $\log\Gamma\left(1+\dfrac{k}{12}\right)$, comme on les voit dans le tableau suivant, qui pourra être fort utile dans diverses recherches d'analyse.

$a.$	$\log\Gamma a.$	$\log\Gamma(1+a).$
$\frac{1}{12}$	1.06067 62454 1387	9.98149 49993 6625
$\frac{2}{12}$	0.74556 78577 5330	9.96741 66073 6966
$\frac{3}{12}$	0.55938 10750 4347	9.95732 10837 1551
$\frac{4}{12}$	0.42796 27493 1426	9.95084 14945 9460
$\frac{5}{12}$	0.32788 12161 8498	9.94766 99744 7338
$\frac{6}{12}$	0.24857 49363 4707	9.94754 49406 8309
$\frac{7}{12}$	0.18432 48784 0648	9.95024 16723 7311
$\frac{8}{12}$	0.13165 64916 8402	9.95556 52326 2834
$\frac{9}{12}$	0.08828 37954 8265	9.96334 50588 7435
$\frac{10}{12}$	0.05261 20106 0482	9.97343 07645 5719
$\frac{11}{12}$	0.02347 73967 1089	9.98568 88358 2149

(44). Après avoir développé fort au long le cas de $n=12$, nous prendrons encore pour exemple quelques autres valeurs de n; mais ne voulant point entrer dans le détail des solutions effectives, nous nous contenterons d'en démontrer la possibilité, et à cet effet nous ferons usage des mêmes signes d'abréviation que dans l'art. 31.

Soit d'abord $n=24$, et soit désignée par (x) la quantité $\log \Gamma \left(\frac{x}{24} \right)$: on connaît déjà, par le cas de $n=12$, les réductions qui ont lieu entre les termes de rang pair (2), (4), (6), (8), (10), puisqu'en général l'expression $(2k)$ désigne $l\, \Gamma \left(\frac{2k}{24} \right)$, qui est la même chose que $l\, \Gamma \left(\frac{k}{12} \right)$. Ainsi en appliquant les résultats trouvés dans le cas de $n=12$, on aura entre les cinq transcendantes dont il s'agit, ces trois équations :

$$(6) \;= (2) - \tfrac{1}{2}(4) + d ,$$
$$(8) \;= \tfrac{1}{2}(4) + d ,$$
$$(10) = (2) - (4) + d .$$

Pour obtenir d'autres réductions, on fera d'abord dans l'équation (D) les substitutions $x = \frac{1}{24}$, $x = \frac{3}{24}$, $x = \frac{5}{24}$, ce qui donnera

$$(1) + (13) - (2) \;= d ,$$
$$(3) + (15) - (6) \;= d ,$$
$$(5) + (17) - (10) = d .$$

Mettant dans ces équations, au lieu des termes (13), (15), (17), leurs complémens $-(11)$, $-(9)$, $-(7)$, on en tirera

$$(11) = (1) - (2) \;+ d ,$$
$$(9) \;= (3) - (6) \;+ d ,$$
$$(7) \;= (5) - (10) + d .$$

Ces équations font voir que sur les six transcendantes (1), (3), (5), (7), (9), (11), il suffit d'en connaître trois.

Mais de plus, l'équation (E) fournira de nouvelles réductions, en y substituant les valeurs $x = \frac{1}{24}$, $x = \frac{3}{24}$, toutes deux plus petites que $\frac{1}{6}$; cette substitution donne deux équations qui, au moyen des termes complémentaires, deviennent

$$(1) + (9) - (7) - (3) = d,$$
$$(3) + (11) - (5) - (9) = d.$$

Celles-ci, en vertu des relations déjà trouvées, se réduisent à une seule, qui donne

$$(5) = (1) - (2) + (6) + d.$$

Cela posé, on voit que les deux transcendantes (1) et (3) de numéro impair, et les deux (2), (4) de numéro pair, suffisent pour déterminer toutes les autres, puisqu'on a les valeurs suivantes :

$$(5) \ = (1) - \tfrac{1}{2}(4) + d,$$
$$(7) \ = (1) - (2) + \tfrac{1}{2}(4) + d,$$
$$(9) \ = (3) - (2) + \tfrac{1}{2}(4) + d,$$
$$(11) = (1) - (2) + d.$$

Ainsi dans le cas de $n = 24$, les quatre transcendantes $\Gamma\frac{1}{24}$, $\Gamma\frac{2}{24}$, $\Gamma\frac{3}{24}$, $\Gamma\frac{4}{24}$ suffisent pour déterminer toutes celles qui sont comprises dans la même série, jusqu'à $\Gamma\frac{23}{24}$.

(45). Considérons enfin le cas de $n = 60$, et proposons-nous de trouver combien il faut de termes de la suite $\Gamma\frac{1}{60}$, $\Gamma\frac{2}{60}\ldots\ldots\Gamma\frac{59}{60}$, pour déterminer tous les autres, et quels sont ces termes.

Désignant toujours $\log \Gamma \dfrac{k}{60}$ par (k), on pourra d'abord considérer les termes où k est un multiple de 5, et appliquer à ces termes les formules trouvées pour le cas de $n = 12$, ce qui donnera

$$(15) = (5) - \tfrac{1}{2}(10) + d,$$
$$(20) = \tfrac{1}{2}(10) + d,$$
$$(25) = (5) - (10) + d.$$

Ainsi les deux termes (5) et (10) suffisent pour déterminer toutes les transcendantes (k) dans lesquelles k est un multiple de 5.

Si l'on considère séparément les termes où k est pair, on aura, par l'application des équations (D) et (C), les relations suivantes :

$$(28) = (2) - (4) + d,$$
$$(26) = (4) - (8) + d,$$
$$(24) = (6) - (12) + d,$$
$$(22) = (8) - (16) + d,$$
$$(18) = (12) - (24) + d,$$
$$(16) = (14) - (28) + d.$$

On trouvera ensuite, au moyen des équations (E) et (C),

$$(2) + (22) - (18) - (6) = d,$$
$$(4) + (24) - (16) - (12) = d,$$
$$(6) + (26) - (14) - (18) = d,$$
$$(8) + (28) - (12) - (24) = d.$$

Ces quatre équations combinées avec les six qui précèdent, offrent deux coïncidences, et ne déterminent que huit quantités, savoir :

$$(28) = (2) - (4) + d,$$
$$(26) = (2) - (6) + d,$$
$$(24) = (6) - (12) + d,$$
$$(22) = 2(12) - (2) + d,$$
$$(18) = 2(12) - (6) + d,$$
$$(16) = (4) + (6) - 2(12) + d,$$
$$(14) = (2) + (6) - 2(12) + d,$$
$$(8) = (6) + (4) - (2) + d;$$

d'où l'on voit que les quatre quantités (2), (4), (6), (12) suffisent pour déterminer tous les termes (k) dans lesquels k est pair et non divisible par 5.

Enfin l'application des équations (F) et (C) donne

$$(2) + (14) + (26) - (22) - (10) - (10) = d,$$
$$(4) + (16) + (28) - (20) - (8) - (20) = d,$$

et

et ces deux-ci se réduisent à une seule, savoir ,

$$(12) = (2) - \tfrac{1}{2}(10) + d\,;$$

d'où il suit que tous les termes (k) où k est pair , pourront s'exprimer au moyen des quantités (2), (4), (6), (10).

(46). Venons maintenant aux quantités où k est impair. On aura , par l'application des équations (D) et (C) , ces six conditions :

$$(29) = (1) - (2) + d,$$
$$(27) = (3) - (6) + d,$$
$$(23) = (7) - (14) + d,$$
$$(21) = (9) - (18) + d,$$
$$(19) = (11) - (22) + d,$$
$$(17) = (13) - (26) + d.$$

Ensuite les équations (E) et (C) en fourniront quatre , savoir :

$$(1) + (21) - (19) - (3) = d,$$
$$(3) + (23) - (17) - (9) = d,$$
$$(7) + (27) - (13) - (21) = d,$$
$$(9) + (29) - (11) - (27) = d.$$

Mais ces quatre conditions se réduisent aux deux suivantes :

$$(11) = (1) + (9) - (2) - (3) + (6) + d,$$
$$(13) = (3) + (7) - (9) + 2(2) - 2(6) - (10) + d.$$

Enfin l'équation (F) donnera deux conditions qui, en vertu des relations déjà trouvées, se réduisent à une seule , savoir ,

$$(9) = (3) + (2) - (6) - \tfrac{1}{2}(10) + d.$$

De là on voit qu'avec les quatre données impaires (1) , (3) , (5), (7), jointes aux quatre données paires (2), (4), (6), (10), on pourra achever de déterminer toutes les transcendantes désignées par (k).

On aura en effet pour les termes impairs, ces expressions :

$$(9) = (3) + (2) - (6) - \tfrac{1}{2}(10) + d,$$
$$(11) = (1) - \tfrac{1}{2}(10) + d,$$
$$(13) = (7) + (2) - (6) - \tfrac{1}{2}(10) + d,$$
$$(15) = (5) - \tfrac{1}{2}(10) + d,$$
$$(17) = (7) - \tfrac{1}{2}(10) + d,$$
$$(19) = (1) - (2) + \tfrac{1}{2}(10) + d,$$
$$(21) = (3) - (2) + \tfrac{1}{2}(10) + d,$$
$$(23) = (7) + (2) - (6) - (10) + d,$$
$$(25) = (5) - (10) + d,$$
$$(27) = (3) - (6) + d,$$
$$(29) = (1) - (2) + d.$$

Quant aux termes où k est pair, nous avons donné ci-dessus leur expression, où il ne reste plus à substituer que la valeur $(12) = (2) - \tfrac{1}{2}(10) + d.$

(47). Remarquons que le nombre des transcendantes nécessaires pour déterminer toutes les autres, étant nommé N, on aura

$$\text{pour } n = 12, \quad N = 2 = \tfrac{12}{2}\left(1 - \tfrac{1}{2}\right)\left(1 - \tfrac{1}{3}\right),$$
$$\text{pour } n = 24, \quad N = 4 = \tfrac{24}{2}\left(1 - \tfrac{1}{2}\right)\left(1 - \tfrac{1}{3}\right),$$
$$\text{pour } n = 60, \quad N = 8 = \tfrac{60}{2}\left(1 - \tfrac{1}{2}\right)\left(1 - \tfrac{1}{3}\right)\left(1 - \tfrac{1}{5}\right).$$

Dans cette formation du nombre N, le facteur $\tfrac{1}{2}$ est dû à l'équation (C), le facteur $\left(1 - \tfrac{1}{2}\right)$ à l'équation (D), le facteur $\left(1 - \tfrac{1}{3}\right)$ à l'équation (E), et le facteur $\left(1 - \tfrac{1}{5}\right)$ à l'équation (F).

En général, si α, ε, γ, etc. sont les nombres premiers inégaux qui divisent N, on aura

$$N = \frac{n}{2}\left(1 - \tfrac{1}{\alpha}\right)\left(1 - \tfrac{1}{\varepsilon}\right)\left(1 - \tfrac{1}{\gamma}\right), \text{ etc.,}$$

nombre qui exprime combien il y a de nombres premiers à n et moindres que $\tfrac{1}{2}n.$

Cette loi a été vérifiée dans plusieurs autres exemples, et il y a lieu de croire qu'elle est vraie en général; d'où il suit qu'étant donné un nombre quelconque n, on peut trouver immédiatement combien il faut de termes de la suite $\Gamma\frac{1}{n}$, $\Gamma\frac{2}{n}$, $\Gamma\frac{3}{n}$....$\Gamma\frac{n-1}{n}$, pour déterminer tous les autres.

Ainsi si l'on voulait construire avec le moins de données possible, une table des fonctions Γa pour toutes les valeurs de a, de millième en millième, depuis $a = 0.001$ jusqu'à $a = 1.000$, on pourrait le faire en supposant connu un nombre de termes de cette suite $= 500.\frac{1}{2}.\frac{4}{5} = 200$. Si au lieu de donner aux valeurs successives de a, le dénominateur commun 1000, on leur donnait le dénominateur 1050, qui a pour facteurs premiers $2, 3, 5, 7$, le nombre des termes nécessaires serait $\frac{1050}{2}.\frac{1}{2}.\frac{2}{3}.\frac{4}{5}.\frac{6}{7} = 120$. Ainsi il ne faudrait que 120 termes pour en déterminer algébriquement 1050, et la table ne serait guère moins facile à interpoler que dans l'autre cas.

(48). On sait de cette manière combien il faut de transcendantes pour déterminer toutes les autres; mais il n'est pas aussi facile de prévoir quelles sont, pour chaque valeur de n, ces transcendantes. Dans le cas de $n = 60$, on aurait pu penser que ces quantités, dont le nombre est fixé à huit, pouvaient être les huit premiers termes de la suite $\Gamma\frac{1}{60}$, $\Gamma\frac{2}{60}$, $\Gamma\frac{3}{60}$, etc. ; mais le calcul a fait voir que la fonction $\Gamma\frac{8}{60}$ doit être exclue comme étant déterminée par les précédentes, au moyen de l'équation $(8) = (6) + (4) - (2) + d$. Cette circonstance a forcé de prendre pour huitième terme la fonction $\Gamma\frac{10}{60}$. Au reste, le problème qu'on a résolu par les huit fonctions mentionnées, pourrait l'être de beaucoup d'autres manières; c'est-à-dire qu'une ou plusieurs de ces fonctions pourraient être remplacées par d'autres en nombre égal; ce qui ferait toujours huit transcendantes par lesquelles on déterminerait toutes les autres.

(49). Nous remarquerons encore que les équations que nous avons trouvées pour les cas de $n = 12$, $n = 24$, $n = 60$, et toutes celles qu'on trouverait de même pour d'autres valeurs de n, sont autant de théorèmes qui établissent des réductions plus ou moins remarquables entre les fonctions Γ.

Par exemple, l'équation $(12) = (2) - \frac{1}{2}(10) + d$, obtenue dans le cas de $n = 60$, est l'expression abrégée de ce théorème

$$\Gamma \tfrac{1}{5} = \Gamma \tfrac{1}{30} \cdot \left(\Gamma \tfrac{1}{6} \right)^{-\frac{1}{2}} P,$$

P étant une fonction donnée de π et de quantités algébriques. Il est même facile de voir, *a priori*, de quelle manière π doit entrer dans cette fonction.

En effet, si dans les équations (C), (D), (E), etc., on fait $\Gamma x = \pi^{1-x} \Phi(x)$, Φ étant une nouvelle fonction, on trouvera que π disparaît entièrement de ces équations, de sorte que la quantité $\pi^{x-1} \Gamma x$ devra être indépendante de π dans tous les résultats qu'on tirera de ces équations.

Dans l'exemple précédent on a $\frac{4}{5} - \frac{19}{30} + \frac{1}{2} \cdot \frac{5}{6} = \frac{1}{4}$; donc

$$\Gamma \tfrac{1}{5} = \Gamma \tfrac{1}{30} \left(\Gamma \tfrac{1}{6} \right)^{-\frac{1}{2}} \pi^{\frac{1}{4}} Q,$$

Q étant une fonction purement algébrique qui ne doit plus contenir π. Pour trouver cette fonction algébrique, il faudrait développer tout au long les équations qui ont conduit à l'expression abrégée $(12) = (2) - \frac{1}{2}(10) + d$, comme nous l'avons fait dans le cas de $n = 12$.

§ V. *Propriétés générales des coefficiens différentiels de la fonction* $\log \Gamma x$.

(50). D'après le théorème de l'art. 37, deuxième partie, si l'on fait

$$\int x^{p-1} dx (1-x)^{q-1} = V, \qquad \int \frac{x^{p-1} dx (1 - x^q)}{1 - x} = T,$$

on aura

$$\frac{dV}{dp} = - VT, \qquad \text{ou} \qquad \frac{d \log V}{dp} = - T.$$

Mais par l'équation (3) on a $V = \dfrac{\Gamma p\, \Gamma q}{\Gamma (p+q)}$, ou $\log V = l\Gamma p + l\Gamma q$ $- l\,\Gamma(p+q)$; donc

$$\frac{d\, l\,\Gamma(p+q)}{d\,(p+q)} - \frac{d\,l\,\Gamma p}{dp} = T = \int \frac{x^{p-1}dx\,(1-x^q)}{1-x}.$$

Mettant r au lieu de $p+q$, on aura l'équation

$$\frac{d\log \Gamma r}{dr} - \frac{d\log \Gamma p}{dp} = \int \frac{dx}{x}\cdot\frac{x^p - x^r}{1-x}\,, \qquad (16)$$

à laquelle on peut donner aussi la forme

$$\frac{d\log \Gamma(1+r)}{dr} - \frac{d\log \Gamma(1+p)}{dp} = \int \frac{(x^p - x^r)\,dx}{1-x}:$$

l'intégrale du second membre est prise à l'ordinaire entre les limites $x = 0$, $x = 1$.

(51). Soit $p = 0$ et $r = a$, le coefficient différentiel $\dfrac{d\,l\,\Gamma(1+p)}{dp}$ se réduira à $- C$ d'après la formule (ω) du n° 77, deuxième partie; ainsi on aura

$$\frac{d\,l\,\Gamma(1+a)}{da} = - C + \int \frac{(1-x^a)\,dx}{1-x}: \qquad (17)$$

c'est l'expression du premier coefficient différentiel de la fonction $\log \Gamma(1+a)$. Ce coefficient pourra se déterminer exactement lorsque a sera un nombre rationnel, puisque sa valeur est composée de la constante connue $- C$ et d'une intégrale définie qui ne dépend que des arcs de cercle et des logarithmes.

Soit alors $a = \dfrac{m}{n}$, et soit $x = y^n$, on aura

$$\int \frac{(1-x^a)dx}{1-x} = \int \frac{ny^{n-1}dy\,(1-y^m)}{1-y^n} = \frac{n}{m}y^m - n\int \frac{dy}{y}\cdot\frac{y^m - y^n}{1-y^n}.$$

Cette dernière intégrale est la même qui a été désignée par B_m dans l'art. 35, deuxième partie; ainsi on aura

$$\int \frac{(1-x^a)\,dx}{1-x} = \frac{n}{m} - nB_m\,;$$

par conséquent pour toute valeur rationnelle $a = \frac{m}{n}$, le coefficient différentiel $\frac{d\,l\,\Gamma(1+a)}{da}$ aura pour expression

$$\frac{d\,l\,\Gamma(1+a)}{da} = -\,C + \frac{1}{a} - nB_m\,,$$

ce qui donne aussi

$$\frac{d\,l\,\Gamma a}{da} = -\,C - nB_m.$$

On pourra substituer dans ces expressions la valeur de B_m donnée dans l'article cité ; mais il faut observer que cette valeur suppose $m < n$. Dans le cas contraire, il faudrait séparer de la différentielle $\frac{dy}{y} \cdot \frac{y^m - y^n}{1 - y^n}$, la partie entière qu'elle contient, et l'intégrer dans les limites $y = 0$, $y = 1$. Le reste de cette différentielle représenté par $\frac{dy}{y} \cdot \frac{y^\mu - y^n}{1 - y^n}$, aurait pour intégrale la quantité B_μ.

La même opération peut être faite d'une autre manière, en diminuant successivement la valeur de a jusqu'à ce qu'elle devienne plus petite que l'unité. On a pour cet effet les formules $\Gamma(1+a) = a\Gamma a$, $\Gamma(2+a) = (1+a)\,a\Gamma a$, etc.; d'où l'on tire

$$\frac{d\,l\,\Gamma(1+a)}{da} = \frac{1}{a} + \frac{d\,l\,\Gamma a}{da},$$

$$\frac{d\,l\,\Gamma(2+a)}{da} = \frac{1}{1+a} + \frac{1}{a} + \frac{d\,l\,\Gamma a}{da},$$

etc.

(52). On a déjà remarqué (art. 20) qu'en désignant par $\varphi(a)$ la somme de la suite harmonique $1 + \frac{1}{2} + \frac{1}{3} + \frac{1}{4} \ldots + \frac{1}{a}$, on a

$$\varphi(a) = C + \frac{d\log\Gamma(1+a)}{da}.$$

La fonction $\varphi(a)$ sera donc aussi exprimée par l'intégrale définie

$$\varphi(a) = \int \frac{(1 - x^a)\,dx}{1 - x}. \tag{18}$$

Cette expression se vérifie immédiatement lorsque a est un nombre entier. En effet, dans ce cas on aura

$$\frac{1 - x^a}{1 - x}\, dx = (1 + x + x^2 \ldots + x^{a-1})\, dx\,,$$

et l'intégrale de ce polynome, prise depuis $x = 0$ jusqu'à $x = 1$, donne la suite $1 + \frac{1}{2} + \frac{1}{3} \ldots + \frac{1}{a}$ désignée par $\varphi(a)$.

Ce résultat étendu à toutes les valeurs de a, en vertu de la continuité de la fonction $\varphi(a)$, aurait suffi pour donner l'expression de $\varphi(a)$ en intégrale définie, et de là celle du coefficient différentiel $\frac{d\, l\Gamma(1 + a)}{da}$, qu'on aurait trouvé ainsi sans le secours du théorème de l'article 37.

(53). Il résulte de la formule précédente que, toutes les fois que le nombre a sera rationnel, la somme $\varphi(a)$ de la série harmonique pourra être exprimée par le moyen des arcs de cercle et des logarithmes, ce qui est un théorème assez remarquable.

Pour avoir la valeur effective de $\varphi(a)$ dans le cas dont il s'agit, on observera d'abord que par la nature de cette fonction, on a

$$\varphi(a) = \frac{1}{a} + \varphi(a - 1)\,;$$

d'où il suit que la détermination de la fonction $\varphi(a)$ se réduira toujours à celle d'une pareille fonction dans laquelle a sera plus petit que l'unité.

Soit alors $a = \frac{m}{n}$, m étant $< n$, et on aura, comme ci-dessus,

$$\varphi(a) = \frac{1}{a} - n\mathrm{B}_m.$$

Les cas les plus simples peuvent être calculés directement par le moyen de l'intégrale définie. Ainsi on trouve

$$\varphi\left(\tfrac{1}{2}\right) = 2 - 2\int\frac{dy}{1+y} = 2 - 2\,l2\,,$$

$$\varphi\left(\tfrac{1}{3}\right) = 3 - 3\int\frac{(1 - y^2)\,dy}{1 - y^3} = 3 - \tfrac{3}{2}\,l3 - \frac{\pi}{2\sqrt{3}}\,,$$

$$\varphi\left(\tfrac{1}{4}\right) = 4 - 4\int\frac{(1 - y^3)\,dy}{1 - y^4} = 4 - 3\,l2 - \tfrac{1}{2}\,\pi.$$

Lorsque a est infiniment petit , on aura

$$\varphi(a) = \int \frac{(1-x^a)\,dx}{1-x} = a\int \frac{dx\, l\frac{1}{x}}{1-x} = a\,\frac{\pi^2}{6}.$$

Cette valeur se déduirait aussi de la formule

$$\frac{d\varphi}{da} = \frac{dd\log \Gamma(1+a)}{da^2},$$

dont le second membre se réduit à S_* ou $\frac{\pi^2}{6}$ lorsque $a=0$.

La fonction $\varphi(a)$ décroît donc continuellement depuis $a=1$ jusqu'à $a=0$; elle est égale à 1 dans la première limite, et à zéro dans la seconde.

Nous remarquerons qu'Euler a donné la valeur de $\varphi\left(\frac{1}{2}\right)$ dans son Calcul différentiel, pag. 814, mais d'après une suite infinie qu'il ne somme que dans ce cas particulier.

(54). Si l'on différentie logarithmiquement les équations (C), (D), (E), etc., on aura diverses relations entre les coefficiens différentiels de même ordre de la fonction $\Gamma(x)$. Et d'abord l'équation (C) donne

$$\frac{d\, l\,\Gamma a}{da} - \frac{d\, l\,\Gamma(1-a)}{d(1-a)} = -\pi \cot a\pi. \qquad (19)$$

Ainsi le coefficient différentiel $\frac{d\, l\,\Gamma(1-a)}{d(1-a)}$ peut se déduire du coefficient différentiel $\frac{d\, l\,\Gamma a}{da}$, que nous regardons comme son complément.

Cette équation fait connaître la différence de deux coefficiens qui sont complémens l'un de l'autre, et elle a l'avantage de donner cette différence pour toute valeur de a rationnelle ou irrationnelle.

L'équation (16) donnerait pour la même différence, cette valeur

$$\frac{d\, l\,\Gamma a}{da} - \frac{d\, l\,\Gamma(1-a)}{d(1-a)} = \int \frac{dx}{x}\cdot\frac{x^{1-a}-x^a}{1-x};$$

donc

donc on a

$$\int \frac{dx}{x} \cdot \frac{x^a - x^{1-a}}{1-x} = \pi \cot a\pi , \qquad (20)$$

formule qui a lieu pour toute valeur de a, et qu'il est aisé de vérifier lorsque a est rationnel. Cette formule s'accorde entièrement avec celle du n° 44, deuxième partie.

(55). Différenciant de même l'équation (D), et changeant x en a, on aura

$$\frac{d\, l\, \Gamma a}{da} + \frac{d\, l\, \Gamma(\frac{1}{2}+a)}{d(\frac{1}{2}+a)} - \frac{2 d\, l\, \Gamma(2a)}{d(2a)} = -2 l 2.$$

Le premier membre se compose de deux différences qui se déterminent par l'équation (16), et dont les valeurs sont

$$\frac{d\, l\, \Gamma a}{da} - \frac{d\, l\, \Gamma(2a)}{d(2a)} = \int \frac{dx}{x} \cdot \frac{x^{2a} - x^a}{1-x} ,$$

$$\frac{d\, l\, \Gamma(\frac{1}{2}+a)}{d(\frac{1}{2}+a)} - \frac{d\, l\, \Gamma(2a)}{d(2a)} = \int \frac{dx}{x} \cdot \frac{x^{2a} - x^{\frac{1}{2}+a}}{1-x}.$$

Donc en faisant les substitutions, on aura la formule

$$\int \frac{dx}{x} \cdot \frac{x^a + x^{\frac{1}{2}+a} - 2x^{2a}}{1-x} = 2\, l 2.$$

De l'équation (E) on déduirait semblablement la formule

$$\int \frac{dx}{x} \cdot \frac{x^a + x^{\frac{1}{3}+a} + x^{\frac{2}{3}+a} - 3x^{3a}}{1-x} = 3\, l 3 ,$$

et ainsi des autres.

Ces formules peuvent aussi se mettre sous la forme suivante :

$$\int x^{a-1}dx \cdot \frac{1+x-2x^a}{1-x^2} = l 2 ,$$

$$\int x^{a-1}dx \cdot \frac{1+x+x^2-3x^{3a}}{1-x^3} = l 3 ,$$

$$\int x^{a-1}dx \cdot \frac{1+x+x^2+x^3-4x^{3a}}{1-x^4} = l 4 ,$$

7

et l'on peut remarquer qu'elles sont toutes contenues dans la formule générale

$$\int\left(\frac{x^{a-1}dx}{1-x}-\frac{nx^{na-1}dx}{1-x^n}\right)=l\,n.\tag{21}$$

(56). Ce résultat est facile à vérifier lorsque a est un nombre
entier. En effet, appelons $f(a)$ le premier membre de l'équation
précédente ; si à la place de a on met $a+1$, on aura

$$f(a+1)=\int\left(\frac{x^a dx}{1-x}-\frac{nx^{na+n-1}dx}{1-x^n}\right).$$

Mais on a $\int\frac{x^a dx}{1-x}=-\frac{x^a}{a}+\int\frac{x^{a-1}dx}{1-x}$ et $\int\frac{nx^{na+n-1}dx}{1-x^n}=-\frac{x^{na}}{a}$
$+\int\frac{nx^{na-1}dx}{1-x^n}$. Faisant $x=1$ dans les parties hors du signe, et
retranchant une intégrale de l'autre, on aura $F(a+1)=F(a)$,
et par conséquent $F(a)=F(1)$. Mais lorsque $a=1$, on a

$$F(1)=\int\left(\frac{dx}{1-x}-\frac{nx^{n-1}dx}{1-x^n}\right)=l\left(\frac{1-x^n}{1-x}\right);$$

faisant ensuite $x=1$, on aura $F(1)=l\,n$; donc $F(a)=l\,n$. La
formule générale est donc démontrée lorsque a est un nombre
entier.

(57). Supposons maintenant $a=\frac{p}{q}$, p et q étant des nombres
entiers, si l'on fait $x=y^q$, on aura

$$F(a)=\int\left(\frac{qy^{p-1}dy}{1-y^q}-\frac{nqy^{np-1}dy}{1-y^{nq}}\right),$$

intégrale qui devra toujours être prise depuis $y=0$ jusqu'à $y=1$.

Si l'on faisait $y^n=z$, la valeur de $F(a)$ pourrait se mettre
sous la forme

$$F(a)=\int\left(\frac{qy^{p-1}dy}{1-y^q}-\frac{qz^{p-1}dz}{1-z^q}\right),$$

c'est-à-dire que F serait la différence de deux intégrales de même forme et prises entre les mêmes limites; d'où il semble qu'on devrait conclure que F est nulle. Mais il faut observer que les intégrales dont il s'agit sont toutes deux infinies, et que leur différence, qui peut être finie, dépend de la relation qui existe entre z et y, et ne peut être trouvée que lorsqu'on aura écarté les infinis de part et d'autre.

Pour cela, je remarque que p et q étant toujours supposés des nombres entiers, on a, par les règles de la décomposition des fractions rationnelles,

$$\frac{q\, y^{p-1} dy}{1 - y^q} = \frac{dy}{1 - y} + \frac{M dy}{N},$$

N étant un dénominateur qui ne s'évanouit pas lorsque $y = 1$. On aura donc l'intégrale indéfinie

$$\int \frac{q\, y^{p-1} dy}{1 - y^q} = -\, l(1 - y) + f(y),$$

$f(y)$ étant une fonction de y exprimée en arcs de cercle et logarithmes, laquelle est nulle lorsque $y = 0$, et ne devient pas infinie lorsque $y = 1$. On aura semblablement

$$\int \frac{q\, z^{p-1} dz}{1 - z^q} = -\, l(1 - z) + f(z),$$

$f(z)$ étant la même fonction de z que $f(y)$ est de y. De là résulte l'intégrale indéfinie

$$F = l\left(\frac{1 - z}{1 - y} \right) + f(y) - f(z);$$

ou, en mettant y^n à la place de z,

$$F = l\left(\frac{1 - y^n}{1 - y} \right) + f(y) - f(y^n).$$

Maintenant si l'on fait $y = 1$, comme on peut préalablement mettre $\frac{1 - y^n}{1 - y}$ sous la forme $1 + y + y^2 \ldots + y^{n-1}$, on aura la valeur cherchée

$$F(a) = l\, n,$$

de sorte que la formule générale est démontrée *a priori* pour toute valeur rationnelle de a.

(58). Pour revenir à la fonction $\frac{d\,l\,\Gamma a}{da}$, que nous pouvons représenter par $Z'(a)$, on voit que les équations (C), (D), (E), etc., ne font connaitre aucune propriété particulière de cette fonction, et qu'elles conduisent seulement à des formules relatives aux intégrales définies. Il ne reste par conséquent à considérer d'autre propriété de cette fonction, que celle qui est contenue dans l'équation (16), et qui consiste en ce que, toutes les fois que a sera rationnel, la fonction $Z'(a)$ pourra toujours s'exprimer par la constante $-C$ jointe à une quantité qu'on peut toujours évaluer par arcs de cercle et par logarithmes.

Nous avons traité fort au long des réductions qui peuvent avoir lieu entre les fonctions $\log \Gamma a$ ou $Z(a)$, lorsqu'on donne à la racine a les valeurs successives $\frac{1}{n}$, $\frac{2}{n}$, $\frac{3}{n}$ ... $\frac{n-1}{n}$. Un semblable problème n'a point lieu relativement aux fonctions $Z'(a)$, puisqu'elles sont toutes déterminables, ainsi qu'on vient de le dire. Passons donc aux coefficiens différentiels du second ordre $\frac{dd\,l\,\Gamma a}{da^2}$, que nous désignerons semblablement par $Z''(a)$.

(59). L'équation (16) étant différenciée par rapport à p, donne, en mettant a au lieu de p,

$$\frac{dd\,l\,\Gamma a}{da^2} = \int \frac{x^{a-1}dx\,l\frac{1}{x}}{1-x}.$$

Développant la différentielle du second membre en série, et intégrant les différens termes d'après la formule de l'art. 40, deuxième partie, on aura

$$\frac{dd\,l\,\Gamma a}{da^2} = \frac{1}{a^2} + \frac{1}{(a+1)^2} + \frac{1}{(a+2)^2} + \text{etc.}$$

Cette formule et celles qu'on pourrait en déduire par la différentiation, sont les mêmes qui ont été données dans l'art. 22; et comme

on ne connaît aucun autre moyen d'obtenir l'intégrale $\int \dfrac{x^{a-1}dx \, l\frac{1}{x}}{1-x}$,

il ne résultera de l'équation (16) aucune propriété des fonctions $Z''(a)$.

(60). L'équation (19) étant différenciée, donne

$$Z''(a) + Z''(1-a) = \frac{\pi^2}{\sin^2 a\pi}, \qquad (22)$$

d'où l'on voit que la fonction $Z''(1-a)$ se détermine par la fonction $Z''(a)$, qui en est le complément.

Lorsque $a = \frac{1}{2}$, la formule précédente donne $Z''(\frac{1}{2}) = \frac{1}{2}\pi^2$. Lorsque $a = 1$, on a $Z''(1) = \frac{1}{6}\pi^2$; en effet, la valeur générale de $Z''(a)$ étant

$$Z''(a) = \frac{1}{a^2} + \frac{1}{(1+a)^2} + \frac{1}{(2+a)^2} + \text{etc.},$$

cette quantité, dans le cas dont il s'agit, se réduit à S_2 ou $\frac{\pi^2}{6}$. C'est aussi ce qu'on déduirait des formules

$$Z'(1+a) = -C + S_2 a - S_3 a^2 + S_4 a^3 - \text{etc.},$$
$$Z''(1+a) = \quad S_2 - 2S_3 a + 3S_4 a^2 - \text{etc.},$$

en faisant $a = 0$.

Pour avoir d'autres propriétés de la fonction $Z''(a)$, on prendra la différentielle seconde logarithmique de l'équation (D), ce qui donnera

$$Z''(a) + Z''(\tfrac{1}{2}+a) - 4Z''(2a) = 0 ; \qquad (23)$$

de même la différentielle seconde des équations (E) et (F) donnerait

$$Z''(a) + Z''(\tfrac{1}{3}+a) + Z''(\tfrac{2}{3}+a) - 9Z''(3a) = 0,$$
$$Z''(a) + Z''(\tfrac{1}{5}+a) + Z''(\tfrac{2}{5}+a) + Z''(\tfrac{3}{5}+a) + Z''(\tfrac{4}{5}+a) - 25Z''(5a) = 0 : \qquad (24)$$

ce sont les mêmes équations qui ont servi à démontrer les équations (D), (E), (F), etc.

Il résulte de ces équations, qu'on peut faire sur les fonctions Z'' les mêmes réductions qui ont lieu pour les fonctions Γ, c'est-à-dire que si l'on considère les fonctions successives $Z''\left(\frac{1}{n}\right)$, $Z''\left(\frac{2}{n}\right)\ldots Z''\left(\frac{n-1}{n}\right)$, ces fonctions se détermineront par le moyen d'un certain nombre d'entr'elles, et ce nombre sera en général le même que celui des nombres premiers à n et plus petits que $\frac{1}{2}n$. Ainsi dans le cas de $n = 12$, deux des transcendantes $Z''(\frac{1}{12})$, $Z''(\frac{2}{12})\ldots Z''(\frac{1}{12})$, suffiront pour déterminer toutes les autres : ces deux transcendantes se trouveront d'ailleurs par la même méthode qui a été employée à l'égard des fonctions Γ.

(61). En effet, si l'on désigne, pour abréger, la fonction $Z''\left(\frac{k}{12}\right)$ par (k), l'équation (22) donnera, en faisant $\frac{\pi}{12} = \omega$,

$$(1) + (11) = \frac{\pi^2}{\sin^2 \omega} = 4\pi^2(2 + \sqrt{3}),$$
$$(2) + (10) = 4\pi^2,$$
$$(3) + (9) = 2\pi^2,$$
$$(4) + (8) = \tfrac{4}{3}\pi^2,$$
$$(5) + (7) = \frac{\pi^2}{\sin^2 5\omega} = 4\pi^2(2 - \sqrt{3}),$$
$$(6) = \tfrac{1}{2}\pi^2;$$

on aura ensuite, par l'équation (23), les deux conditions

$$(1) + (7) - 4(2) = 0,$$
$$(2) + (8) - 4(4) = 0,$$

et par l'équation (24), cette autre condition,

$$(1) + (5) + (9) - 9(3) = 0.$$

Ces neuf équations permettront de déterminer toutes les transcendantes dont il s'agit, par le moyen de deux d'entr'elles. Par exemple, si l'on prend pour données $Z''(\frac{1}{12})$ et $Z''(\frac{2}{12})$, que nous désignons par (1) et (2), les autres transcendantes se détermineront ainsi :

$$(3) = \tfrac{1}{5}(1) - \tfrac{2}{5}(2) + \pi^2\left(1 - \tfrac{2}{5}\sqrt{3}\right),$$
$$(4) = \tfrac{1}{5}(2) + \tfrac{4}{15}\pi^2,$$
$$(5) = (1) - 4(2) + 4\pi^2\left(2 - \sqrt{3}\right),$$
$$(6) = \tfrac{1}{2}\pi^2,$$
$$(7) = 4(2) - (1),$$
$$(8) = -\tfrac{1}{5}(2) + \tfrac{16}{5}\pi^2,$$
$$(9) = \tfrac{2}{5}(2) - \tfrac{1}{5}(1) + \pi^2\left(1 + \tfrac{2}{5}\sqrt{3}\right),$$
$$(10) = -(2) + 4\pi^2,$$
$$(11) = -(1) + 4\pi^2\left(2 + \sqrt{3}\right).$$

Il ne reste, pour la détermination absolue de ces quantités, qu'à connaître $Z''(\frac{1}{12})$ et $Z''(\frac{2}{12})$. Pour cela, il faudrait pouvoir sommer les suites que ces quantités représentent, savoir :

$$Z''(\tfrac{1}{12}) = 144\left(1 + \tfrac{1}{13^2} + \tfrac{1}{25^2} + \tfrac{1}{37^2} + \text{etc.}\right),$$
$$Z''(\tfrac{2}{12}) = 36\left(1 + \tfrac{1}{7^2} + \tfrac{1}{13^2} + \tfrac{1}{19^2} + \text{etc.}\right).$$

On pourrait aussi déterminer ces quantités par les intégrales définies

$$Z''(\tfrac{1}{12}) = 144\int \frac{dx\, l\frac{1}{x}}{1 - x^{12}},$$
$$Z''(\tfrac{2}{12}) = 36\int \frac{dx\, l\frac{1}{x}}{1 - x^{6}}.$$

Mais la difficulté d'exprimer ces intégrales autrement que par les séries précédentes, rend ces expressions peu utiles.

Lorsqu'on voudra obtenir ces valeurs par approximation, on y parviendra aisément par la formule de l'art. 46, deuxième partie.

(62). Considérons maintenant le troisième coefficient......

$Z'''(a) = \frac{d^3 \, l\,\Gamma a}{da^3}$; on aura d'abord, par l'équation (C);

$$Z'''(a) - Z'''(1-a) = -\frac{2\pi^3 \cos a\pi}{\sin^3 a\pi}, \qquad (25)$$

ce qui détermine la fonction $Z'''(1-a)$ par son complément $Z'''(a)$.
On a ensuite, par les équations (D), (E), etc.,

$$Z'''(a) + Z'''(\tfrac{1}{2}+a) - 8Z'''(2a) = 0,$$
$$Z'''(a) + Z'''(\tfrac{1}{3}+a) + Z'''(\tfrac{2}{3}+a) - 27Z'''(3a) = 0,$$

et ainsi de suite; ce qui établit les mêmes réductions entre les fonctions $Z'''(a)$ qu'on a obtenues entre les fonctions $Z''(a)$.

Le cas de $a = 1$ donne, par les formules de l'article 60, $Z'''(1) = -2S_3$; si dans la première des deux équations précédentes on fait $a = \tfrac{1}{2}$, on aura $Z'''(\tfrac{1}{2}) = 7Z'''(1) = -14S_3$; enfin dans le cas de $a = \tfrac{1}{3}$, on aura les deux équations

$$Z'''(\tfrac{1}{3}) - Z'''(\tfrac{2}{3}) = -\frac{8\pi^3}{3\sqrt{3}},$$
$$Z'''(\tfrac{1}{3}) + Z'''(\tfrac{2}{3}) - 26Z'''(1) = 0,$$

ce qui détermine les deux transcendantes $Z'''(\tfrac{1}{3})$ et $Z'''(\tfrac{2}{3})$, par le moyen de $Z'''(1)$ ou de S_3.

Toutes ces solutions reviennent à celles que nous avons déjà données ou indiquées dans les art. 45 à 49 de la deuxième partie; mais on voit plus clairement dans cette nouvelle méthode la série des opérations, et on connaît le nombre de transcendantes nécessaires à chaque solution, nombre qui a été fixé par la règle de l'art. 47.

§ VI. *Divers exemples d'interpolation.*

(63). Euler, dans le chapitre XVII de son Calcul différentiel, a résolu divers problèmes d'interpolation par des suites infinies dont il ne donne la somme que pour le cas de $n = \tfrac{1}{2}$. Nous allons faire voir que ces interpolations peuvent être effectuées d'une manière plus simple et plus générale au moyen des fonctions Γ.

Exemple

Exemple I. Supposons qu'il s'agisse d'interpoler la suite dont le n^{ieme} terme est $N = 1 + \frac{1}{2} + \frac{1}{3} \ldots + \frac{1}{n}$; la question est de savoir ce que deviendra N lorsqu'on donnera à n une valeur fractionnaire quelconque.

Nous avons désigné (art. 52) ce terme général par $\varphi(n)$, et nous avons fait voir que $\varphi(n)$ est donné par la formule

$$\varphi(n) = \int \frac{(1 - x^n)\, dx}{1 - x},$$

cette intégrale étant prise depuis $x = 0$ jusqu'à $x = 1$. On pourra donc déterminer $\varphi(n)$ par les arcs de cercle et les logarithmes, toutes les fois que n sera un nombre rationnel. Dans les autres cas, on déterminera $\varphi(n)$ par la suite

$$\varphi(n) = C + ln + \frac{1}{2n} - \frac{A'}{2n^2} + \frac{B'}{4n^4} - \frac{C'}{6n^6} + \text{etc.},$$

où A′, B′, C′, etc. désignent les nombres Bernoulliens. On pourra toujours faire ensorte que cette suite converge rapidement dans les premiers termes; car on a $\varphi(n) = \varphi(n+1) - \frac{1}{n+1}$. Ainsi $\varphi(n)$ peut être déterminé par $\varphi(n+k)$, k étant un entier qui pourra être pris assez grand pour que la série qui détermine $\varphi(n+k)$, ait les conditions requises.

(64). *Exemple II.* Soit proposé d'interpoler la suite dont le terme général ou le n^{ieme} terme est

$$N = \frac{a + b}{a + b} + \frac{a + 2b}{a + 2b} + \frac{a + 3b}{a + 3b} \cdots + \frac{a + nb}{a + nb}.$$

Puisqu'on a $\dfrac{a + nb}{a + nb} = \dfrac{b}{b} + \dfrac{ab - ab}{bb\left(\dfrac{a}{b} + n\right)}$, on voit que ce cas se ramène au précédent, et que l'expression de N pour toute valeur de n, sera

$$N = \frac{b}{b}\, n + \frac{ab - ba}{bb}\, \varphi\left(\frac{a}{b} + n\right).$$

Ainsi on pourra déterminer N par les arcs de cercle et les loga-rithmes, toutes les fois que $\frac{a}{b} + n$ aura une valeur rationnelle.

(65). *Exemple III.* Pour interpoler la suite dont le terme général $N = 1 + \frac{1}{2^r} + \frac{1}{3^r} + \frac{1}{4^r}\cdots + \frac{1}{n^r}$, on pourra se servir de la formule

$$N = S_r + \frac{(-1)^{r-1}}{1.2.3\ldots r - 1} \cdot \frac{d^r l\,\Gamma(1+x)}{dx^r},$$

et appliquer les réductions propres à la fonction $\dfrac{d^r l\,\Gamma(1+x)}{dx^r}$, dans laquelle on fera $x = n$.

Dans les cas où cette fonction ne pourrait s'exprimer exactement en vertu de ces propriétés, il faudra, pour trouver la valeur de N, avoir recours à la série qui vient des différentiations répétées de la formule

$$\frac{d\,l\,\Gamma(1+x)}{dx} = - C + S_2 x - S_3 x^2 + S_4 x^3 - \text{etc.}$$

Mais comme cette formule suppose $x < 1$, il faudra préalablement ramener le cas proposé à celui où n est < 1; ce qui n'a aucune difficulté, puisque N étant une fonction de n qu'on peut désigner par $f(n)$, on aura

$$f(n) = f(n-1) + \frac{1}{n^r}.$$

(66). *Exemple IV.* Soit proposé d'interpoler la suite dont le terme général $N = \dfrac{a+\mathfrak{c}}{a+b} \cdot \dfrac{a+2\mathfrak{c}}{a+2b} \cdot \dfrac{a+3\mathfrak{c}}{a+3b}\cdots\cdots\dfrac{a+n\mathfrak{c}}{a+nb}$.

Lorsque n est un nombre entier, on a

$$(m+1)(m+2)(m+3)\ldots(m+n) = \frac{\Gamma(m+n+1)}{\Gamma(m+1)}.$$

Donc le terme général N a pour expression

$$N = \left(\frac{\mathfrak{c}}{b}\right)^n \cdot \frac{\Gamma\left(\frac{a}{\mathfrak{c}} + n + 1\right)}{\Gamma\left(\frac{a}{b} + n + 1\right)} \cdot \frac{\Gamma\left(\frac{a}{b} + 1\right)}{\Gamma\left(\frac{a}{\mathfrak{c}} + 1\right)},$$

valeur qui pourra être employée quel que soit n.

Si l'on propose, par exemple, la suite $\frac{1}{2}$, $\frac{1.3}{2.4}$, $\frac{1.3.5}{2.4.6}$, etc., son terme général sera

$$N = \frac{\Gamma\left(n + \frac{1}{2}\right)}{\Gamma\frac{1}{2}\,\Gamma\left(n + 1\right)}.$$

Ainsi pour l'indice $n = \frac{1}{2}$, on aura $N = \frac{\Gamma 1}{\Gamma\frac{1}{2}\,\Gamma\frac{3}{2}} = \frac{2}{\pi}$; pour l'indice $n = \frac{1}{3}$, on aura $N = \frac{\Gamma\frac{5}{6}}{\Gamma\frac{1}{2}\,\Gamma\frac{4}{3}} = \frac{3}{\sqrt{\pi}} \cdot \frac{\Gamma\frac{5}{6}}{\Gamma\frac{1}{3}}$, valeur qui pourra se réduire ultérieurement par la relation connue entre $\Gamma\frac{1}{3}$ et $\Gamma\frac{5}{6}$.

Soit encore la suite $\frac{1}{3}$, $\frac{1.4}{3.6}$, $\frac{1.4.7}{3.6.9}$, etc., l'expression de son terme général sera

$$N = \frac{\Gamma\left(n + \frac{1}{3}\right)}{\Gamma\frac{1}{3}\,\Gamma\left(n + 1\right)}.$$

Ainsi pour l'indice $n = \frac{1}{2}$, on aura $N = \frac{\Gamma\frac{5}{6}}{\Gamma\frac{1}{3}\,\Gamma\frac{3}{2}} = \frac{2}{\sqrt{\pi}} \cdot \frac{\Gamma\frac{5}{6}}{\Gamma\frac{1}{3}}$, pour l'indice $n = \frac{2}{3}$, on aura $N = \frac{\Gamma 1}{\Gamma\frac{1}{3}\,\Gamma\frac{5}{3}} = \frac{1}{\frac{2}{3}\Gamma\frac{1}{3}\,\Gamma\frac{2}{3}} = \frac{3\sin\frac{1}{3}\pi}{2\pi} = \frac{3\sqrt{3}}{4\pi}.$

(67). Il est bon d'observer que la question d'interpoler une suite donnée, est susceptible d'une infinité de solutions, quand on l'envisage analytiquement et sans application à un objet déterminé. En effet, soit N le terme général de la suite donnée, terme dont la valeur est connue lorsque n est un entier, et soit $\Phi(n)$ la fonction continue égale à N, dans laquelle on peut mettre pour n un nombre quelconque entier ou fractionnaire; si au lieu de N on prend $\frac{N\sin\left(2n\pi + \alpha\right)}{\sin\alpha}$, α étant un angle quelconque, pourvu qu'il ne soit pas zéro, il est visible que la suite résultant de ce terme général, ne différera pas de la suite donnée. On pourrait donc, au lieu de $\Phi(n)$, prendre $\Phi(n).\frac{\sin\left(2n\pi + \alpha\right)}{\sin\alpha}$, valeur qui différerait de $\Phi(n)$ lorsque n n'est pas entier. On pourrait même prendre plus généralement, au lieu de $\Phi(n)$, l'expression

$$\Phi(n).\frac{A + B\sin\left(2n\pi + \alpha\right) + C\sin\left(2n\pi + 6\right) + \text{etc.}}{A + B\sin\alpha + C\sin 6 + \text{etc.}},$$

et une infinité d'autres qui se reduisent à $\Phi(n)$ lorsque n est entier ; ce qui donnerait une infinité de solutions différentes de celle qui est donnée par la fonction continue $\Phi(n)$.

On pourrait appeler *fonctions ondulées*, les fonctions ainsi affectées d'un facteur qui se réduit à l'unité pour toute valeur entière de n. Ces fonctions serviraient à expliquer quelques paradoxes qui peuvent se rencontrer dans les applications de l'analyse.

§ VII. *Des valeurs que prend la fonction* Γa *, lorsque la racine* a *est négative.*

(68). Tant que a est positif, on peut regarder la fonction Γa comme représentant l'aire, prise depuis $x = o$ jusqu'à $x = 1$, de la courbe dont l'ordonnée $y = \left(l\frac{1}{x} \right)^{a-1}$. Mais cette construction, en quelque sorte géométrique, ne peut donner aucune idée de ce que devient la fonction Γa, lorsqu'on suppose a négatif. Il faut suppléer à cette construction par les formules mêmes qui contiennent les propriétés générales de la fonction Γ, et auxquelles on donnera l'extension nécessaire. On liera ainsi, suivant une même loi, les fonctions $\Gamma(x)$, considérées comme les ordonnées d'une même courbe qui répondent à des abscisses quelconques x positives ou négatives.

Si l'on prend d'abord l'équation (B) et qu'on y change le signe de x, on aura

$$\Gamma(-x) = -\frac{1}{x}\,\Gamma(1-x). \qquad (26)$$

Pour voir plus clairement l'usage de cette équation, nous distinguerons différentes périodes dans le sens négatif, comme nous les avons distinguées dans le sens positif. La première sera comprise depuis $x = o$ jusqu'à $x = -1$, la seconde depuis $x = -1$ jusqu'à $x = -2$, ainsi de suite.

D'après l'équation précédente, l'on voit que la fonction $\Gamma(-x)$

est négative dans toute l'étendue de la première période, et qu'elle est infinie aux extrémités de cette période.

Si dans la même équation l'on met $1 + x$ à la place de x, on aura

$$\Gamma(-1-x) = -\frac{1}{1+x}\Gamma(-x) = \frac{1}{x(1+x)}\Gamma(1-x);$$

d'où il suit que la fonction $\Gamma(-a)$ est positive dans la seconde période, depuis $a = 1$ jusqu'à $a = 2$, et que dans ces deux limites, elle est infinie.

Mettant dans cette dernière équation $1 + x$ au lieu de x, on aura encore

$$\Gamma(-2-x) = \frac{1}{(1+x)(2+x)}\Gamma(-x) = -\frac{\Gamma(1-x)}{x(1+x)(2+x)};$$

d'où il suit que la fonction $\Gamma(-a)$ est négative dans la troisième période, depuis $a = 2$ jusqu'à $a = 3$, et qu'elle est infinie dans ces deux limites.

En continuant ainsi, on voit que la fonction $\Gamma(-a)$ sera infinie pour toutes les valeurs entières de a, et qu'elle sera alternativement positive et négative dans les périodes successives.

(69). La courbe dont les ordonnées représentent $\Gamma(x)$, est donc composée, dans le sens négatif, d'une infinité de branches séparées par des asymptotes perpendiculaires à l'axe des x, et menées successivement aux distances $x = 0, -1, -2, -3$, etc. Ces branches qui touchent chacune des asymptotes, sont situées alternativement d'un côté et de l'autre de l'axe ; de sorte qu'il y a dans chacune un point où la fonction Γ est un *minimum*.

La fonction Γa étant supposée connue pour toute valeur positive de a, on en déduit aisément par les formules précédentes, l'expression de toute fonction de cette sorte où a est négatif ; car on a en général, k étant un entier quelconque, et x un nombre moindre que l'unité,

$$\Gamma(-k-x) = \frac{(-1)^{k+1}\Gamma(1-x)}{x(1+x)(2+x)\ldots(k+x)}, \tag{27}$$

ou encore

$$\Gamma\left(-k-x\right) = \frac{(-1)^{k+1}\,\Gamma x\,\Gamma\left(1-x\right)}{\Gamma\left(k+1+x\right)}.$$

Cette dernière formule se déduirait directement de l'équation (C),

$$\Gamma x\,\Gamma\left(1-x\right) = \frac{\pi}{\sin \pi x},$$

dans laquelle mettant $k+1+x$ au lieu de x, on trouve

$$\Gamma\left(k+1+x\right)\Gamma\left(-k-x\right) = \frac{\pi}{\sin \pi x \cos\left(k+1\right)\pi} = (-1)^{k+1}\Gamma x\,\Gamma\left(1-x\right).$$

Ces formules s'accordent parfaitement avec les résultats que donneraient les autres équations (D), (E), (F), etc., en y changeant le signe de x. Elles offrent conséquemment la théorie complète des fonctions Γa pour toute valeur négative de a.

(70). Pour confirmer cette théorie, nous allons démontrer, d'après la valeur générale du coefficient $\frac{d \log \Gamma x}{dx}$, que la fonction Γ n'est susceptible que d'un *minimum* dans le sens positif, mais qu'elle en admet une infinité dans le sens négatif.

En effet, si l'on fait $\log \Gamma x = Z$, on aura (art. 21)

$$\frac{dZ}{dx} = -C + \frac{x-1}{x} + \frac{x-1}{2\,(1+x)} + \frac{x-1}{3\,(2+x)} + \frac{x-1}{4\,(3+x)} + \text{etc.}$$

Lorsqu'on fait $x = 1$ ou $x < 1$, la valeur de $\frac{dZ}{dx}$ est négative ; lorsqu'on fait $x = 2$, on a

$$\frac{dZ}{dx} = \frac{1}{1.2} + \frac{1}{2.3} + \frac{1}{3.4} + \frac{1}{4.5} + \text{etc.} - C = 1 - C,$$

valeur positive. Donc entre $x = 1$ et $x = 2$, il y a une valeur de x qui rend nulle $\frac{dZ}{dx}$, et alors Z est un *minimum*.

Si l'on fait $x > 2$, la valeur de $\frac{dZ}{dx}$ sera positive et augmentera jusqu'à l'infini. Ainsi il n'y a aucun autre *minimum* dans le sens positif.

Dans le sens négatif, au contraire, il y a un *minimum* dans chaque période, ou en général entre $x = -k$ et $x = -k - 1$, k étant un entier quelconque. Prouvons, par exemple, qu'il existe un *minimum* entre $x = -2$ et $x = -3$. Lorsqu'on fait $x = -2 - \omega$, ω étant infiniment petit, la valeur de $\frac{dZ}{dx}$ contient différens termes dont la somme est finie, et un terme $\frac{1}{\omega}$ qui est un infini positif. Lorsqu'ensuite l'on fait $x = -3 + \omega$, la valeur de $\frac{dZ}{dx}$ contiendra de même des termes dont la somme est finie, et un terme $-\frac{1}{\omega}$ qui est un infini négatif. Donc entre ces deux extrêmes, il y a une valeur de $\frac{dZ}{dx}$ nulle; donc il y a un *minimum* entre $x = -2$ et $x = -3$, conformément à la théorie précédente.

§ VIII. *Formules pour calculer par approximation les fonctions* Γ.

(71). Nous avons pour cet objet deux formules générales qui ont été présentées dans les articles 73 et 77 de la deuxième partie. La première est

$$\log \Gamma x = \tfrac{1}{2} l 2\pi + (x - \tfrac{1}{2})\, lx - x + \frac{A'}{1.2} \cdot \frac{1}{x} - \frac{B'}{3.4} \cdot \frac{1}{x^3} + \frac{C'}{5.6} \cdot \frac{1}{x^5} - \text{etc.}$$

Elle donne pour $l \Gamma x$ une valeur d'autant plus approchée que x est plus grand, et nous avons fait voir dans les articles 70 et 71, quels sont les moyens d'obtenir par cette formule, tel degré d'approximation qu'on pourra desirer. Il faut qu'on ait $x > 5$ pour que cette formule donne $l \Gamma x$ avec douze décimales exactes, et alors on devra calculer les sept ou huit premiers termes de la suite

$$\frac{A}{1.2} \cdot \frac{1}{x} - \frac{B'}{3.4} \cdot \frac{1}{x^3} + \text{etc.}$$

Si x n'est pas > 5; par exemple, si x est compris entre 1 et 2, on augmentera x de quatre unités, on calculera $\log \Gamma (4 + x)$ par la formule précédente, et on en déduira

$$\log \Gamma x = \log \Gamma (4 + x) - \log [\, x (1 + x)(2 + x)(3 + x)].$$

(72). Quant aux coefficiens différentiels successifs de la fonction $Z = \log \Gamma x$, leurs valeurs déduites de la formule précédente, sont

$$\frac{dZ}{dx} = l x - \tfrac{1}{2}\cdot\frac{1}{x} - \frac{A'}{2}\cdot\frac{1}{x^2} + \frac{B'}{4}\cdot\frac{1}{x^4} - \frac{C'}{6}\cdot\frac{1}{x^6} + \text{etc.},$$

$$\frac{ddZ}{dx^2} = \frac{1}{x} + \tfrac{1}{2}\cdot\frac{1}{x^2} + A'\cdot\frac{1}{x^3} - B'\cdot\frac{1}{x^5} + C'\cdot\frac{1}{x^7} - \text{etc.},$$

$$\frac{d^3Z}{dx^3} = -\frac{1}{x^2} - \frac{1}{x^3} - 3A'\cdot\frac{1}{x^4} + 5B'\cdot\frac{1}{x^6} - 7C'\cdot\frac{1}{x^8} + \text{etc.},$$

etc.

Ces suites sont de moins en moins convergentes, à mesure que les différences deviennent plus élevées ; et la convergence qui a lieu dans les premiers termes, se change bientôt en divergence. Mais leur usage n'en est pas moins utile, en suivant les règles que nous avons posées dans les articles 70 et 71.

Les logarithmes donnés par ces formules, sont des logarithmes hyperboliques ; pour les convertir en logarithmes vulgaires, il faudra multiplier tous les termes des séries par le module $m = 0.43429$ etc., excepté les termes exprimés en logarithmes, dans lesquels on substituera directement les valeurs données par les tables.

(73). L'autre formule pour calculer $\log \Gamma (1 + x)$, a été donnée dans les articles 77 et 78 de la deuxième partie. Mais pour en faire usage, il faut connaître les valeurs fort approchées des transcendantes S_2, S_3, S_4, etc. qui représentent les sommes des puissances réciproques, de même degré, des nombres naturels. Ces valeurs sont données jusqu'à la 16me puissance et avec seize décimales, dans le Calcul différentiel d'Euler, page 456. Mais l'examen que nous avons fait de cette table, nous y a fait apercevoir quelques erreurs assez graves, et nous avons été obligés de la calculer de nouveau ;

veau ; nous avons cru devoir en même temps la prolonger jusqu'à la 35ième puissance, terme passé lequel chaque fraction qui suit l'unité devient la moitié de la précédente. Voici cette nouvelle table corrigée.

n	S_n	n	S_n
2	1.64493 40668 482264	19	1.00000 19082 127166
3	1.20205 69031 595943	20	1.00000 09539 620339
4	1.08232 32337 111382	21	1.00000 04769 329868
5	1.03692 77551 433700	22	1.00000 02384 505027
6	1.01734 30619 844491	23	1.00000 01192 199260
7	1.00834 92773 819227	24	1.00000 00596 081891
8	1.00407 73561 979443	25	1.00000 00298 035035
9	1.00200 83928 260822	26	1.00000 00149 015548
10	1.00099 45751 278180	27	1.00000 00074 507118
11	1.00049 41886 041194	28	1.00000 00037 253340
12	1.00024 60865 533080	29	1.00000 00018 626597
13	1.00012 27133 475785	30	1.00000 00009 313274
14	1.00006 12481 350587	31	1.00000 00004 656629
15	1.00003 05882 363070	32	1.00000 00002 328312
16	1.00001 52822 594086	33	1.00000 00001 164155
17	1.00000 76371 976379	34	1.00000 00000 582077
18	1.00000 38172 932650	35	1.00000 00000 291038

(74). Au moyen de cette table on aura, pour calculer $\log \Gamma(1+x)$, l'une ou l'autre des formules :

$$l\,\Gamma(1+x) = -\,Cx + \tfrac{1}{2}S_2 x^2 - \tfrac{1}{3}S_3 x^3 + \tfrac{1}{4}S_4 x^4 - \text{etc.}$$
$$l\,\Gamma(1+x) = \tfrac{1}{2} l\left(\frac{\pi x}{\sin \pi x}\right) - Cx - \tfrac{1}{3}S_3 x^3 - \tfrac{1}{5}S_5 x^5 - \text{etc.}$$

$$\left.\right\} (28)$$

9

Lorsqu'il s'agit de calculer $\log \Gamma a$ pour une valeur donnée de a, on peut toujours réduire la question au cas où l'on a $a = 1 + x$, x étant $< \frac{1}{2}$, ou même $< \frac{1}{4}$. Les suites précédentes seront donc convergentes et auront l'avantage de l'être dans toute leur étendue, de sorte que le degré d'approximation auquel on peut parvenir par ces suites, n'est limité que par celui qui a lieu dans les valeurs des transcendantes S_2, S_3, S_4, etc.

La seconde formule est préférable à la première, comme contenant une suite plus convergente. Cependant lorsque x sera très-petit, il vaudra mieux faire usage de la première, parce que la valeur de $\log \sin \pi x$, donnée par les tables, pourrait n'être pas suffisamment exacte. Or le moyen de suppléer aux tables serait de calculer $\log \sin \pi x$ par la formule

$$l \sin \pi x = l\,(\pi x) - S_2 x^2 - \tfrac{1}{2} S_4 x^4 - \tfrac{1}{3} S_6 x^6 - \text{etc.},$$

ce qui revient à faire usage de la première des formules ci-dessus; mais lorsque x est assez grand pour que les tables donnent sans difficulté la valeur de $\log \sin \pi x$, il y aura un avantage marqué à se servir de la seconde formule.

(75). On pourra simplifier encore assez notablement cette formule, en lui donnant la forme suivante :

$$\log \Gamma\,(1 + x) = \tfrac{1}{2}\log \frac{\pi x}{\sin \pi x} - \tfrac{1}{2}\log \frac{1 + x}{1 - x}$$
$$+ (1 - C)x - (S_3 - 1)\frac{x^3}{3} - (S_5 - 1)\frac{x^5}{5} - \text{etc.} \tag{29}$$

Enfin pour convertir ces logarithmes en logarithmes vulgaires, il faudra multiplier les termes algébriques par le module m; soit donc

$$m\,(1 - C) = B, \quad \frac{m}{3}\,(S_3 - 1) = B_3, \quad \frac{m}{5}\,(S_5 - 1) = B_5, \text{ etc.},$$

et la formule adaptée aux logarithmes vulgaires deviendra

$$l\,\Gamma\,(1 + x) = \tfrac{1}{2}\,l\,\frac{\pi x}{\sin \pi x} - \tfrac{1}{2}\,l\,\frac{1 + x}{1 - x}$$
$$+ Bx - B_3 x^3 - B_5 x^5 - B_7 x^7 - \text{etc.} \tag{30}$$

Cette formule pourra servir à calculer $\log \Gamma a$ jusqu'à 14 décimales, si l'on a des tables telles que la *Trigonometria Britannica*, qui donnent ce nombre de décimales pour $l \sin \pi x$; quant aux logarithmes de x et de $\frac{1+x}{1-x}$, il sera toujours facile de les avoir avec ce degré d'exactitude, ou un plus grand encore, par la table connue qui donne les logarithmes des 11 ou 1200 premiers nombres avec 20 décimales.

Pour obtenir le nombre de décimales dont il s'agit, il sera bon de calculer le terme Bx par la simple multiplication, afin d'éviter l'emploi des logarithmes à 14 décimales, pour lesquels on n'a point de tables complètes, ou auxquelles on ne supplée que par des calculs plus longs que la multiplication. D'ailleurs si l'on applique la formule à la construction d'une table, la multiplication dont il s'agit peut être entièrement évitée, puisque chaque produit $B(x+\omega)$ se forme du produit précédent Bx, auquel on ajoute la constante $B\omega$.

Quant aux autres termes $B_3 x^3$, $B_5 x^5$, etc., ils se calculeront par les tables ordinaires à 10 décimales, au moyen des logarithmes des coefficiens qu'on trouvera ci-après, art. 79.

Il ne faut pas perdre de vue qu'on peut toujours supposer $x < \frac{1}{2}$ ou même $x < \frac{1}{4}$. Dans le cas de $x = \frac{1}{2}$, le terme $B_{15} x^{15}$ ne vaut pas trois unités décimales du onzième ordre; dans le cas de $x = \frac{1}{4}$, il n'en vaut pas une du quinzième. Au surplus, quand on est parvenu aux derniers termes de la formule, ces termes forment avec les suivans une progression à très-peu près géométrique, de sorte qu'il est facile de tenir compte des termes qui restent à calculer.

(76). La valeur de la constante C a été calculée par Euler (Calcul différentiel, page 144), au moyen de la suite harmonique $1 + \frac{1}{2} + \frac{1}{3} \ldots + \frac{1}{x}$, dont la somme $\varphi(x)$ est donnée par la formule

$$\varphi(x) = C + lx + \frac{1}{2x} - \frac{A'}{2\,x^2} + \frac{B'}{4\,x^4} - \frac{C'}{6\,x^6} + \text{etc.},$$

A$'$, B$'$, C$'$, etc. étant la suite des nombres Bernoulliens. Appliquant cette formule au cas de $x = 10$, on a, par la sommation effective,

$$\varphi = 2.92896\ 82539\ 68253\ 96825, \text{ etc.,}$$

et par la sommation approchée,

$$\varphi = C + 2.35175\ 25890\ 66721\ 1076;$$

de là on tire

$$C = 0.57721\ 56649\ 01532\ 8606,$$

valeur qui s'accorde, dans les 15 premières décimales, avec le résultat donné par Euler.

La valeur de C peut se calculer aussi par l'équation (29), en faisant soit $x = 1$, soit $x = \frac{1}{2}$; il en résulte ces deux expressions:

$$1 - C = \tfrac{1}{2}\,l\,2 + \tfrac{1}{3}(S_3 - 1) + \tfrac{1}{5}(S_5 - 1) + \tfrac{1}{7}(S_7 - 1) + \text{etc.},$$
$$1 - C = l\,\tfrac{3}{2} + \tfrac{1}{3}(S_3 - 1)\tfrac{1}{4} + \tfrac{1}{5}(S_5 - 1)\tfrac{1}{16} + \tfrac{1}{7}(S_7 - 1)\tfrac{1}{64} + \text{etc.};$$

substituant les valeurs des quantités S_3, S_5, S_7, etc., données dans l'article 73, on trouve

par la première expression $C = 0.57721\ 56649\ 01532\ 85$,
et par la deuxième $C = 0.57721\ 56649\ 01532\ 861$,

ce qui s'accorde aussi bien qu'il est possible avec la valeur déjà trouvée, et on voit que celle-ci est exacte jusque dans la dixhuitième décimale. Il suit de là que les valeurs des transcendantes S_3, S_5, S_7, etc., contenues dans la table citée, sont exactes, et qu'on peut les employer avec confiance dans le calcul des quantités Γ.

(77). Pour faire voir, par un exemple, l'usage de la formule (30), proposons-nous de déterminer le *minimum* de la fonction Γa. Nous savons que ce *minimum* a lieu à peu près lorsque $a = 1.4616$; nous allons donc chercher la valeur de $\log \Gamma(1 + x)$, en faisant $x = 0.4616$. Ce cas est l'un des moins favorables pour la convergence des suites, mais il pourra servir de type pour les calculs semblables où l'approximation s'obtiendra avec plus de facilité.

π...   0.49714 98726 9413 $1+x$...   0.16482 85343 4448
x...   9.66426 58001 4768 $1-x$...   9.73110 50512 1592

πx...   0.16141 56728 4181   Diff....   0.43372 34831 2856 a
$\sin \pi x$...   9.99683 20907 2586

Diff....   0.16458 35821 1595 B_3...   8.46613 67490 38
a...   0.43372 34831 2856 x^3...   8.99279 74004 43

Diff....   9.73086 00989 8739   (1)...   7.45893 41494 81
$\frac{1}{2}$...   9.86543 00494 9369 B_5...   7.50616 72144
Bx...   0.08475 57163 7949 x^5...   8.32152 90007

A...   9.95018 57658 7318   (2)...   5.82749 62151

                                 B_7...   6.71433 5161
(1)...   0.00287 69621 5818 x^7...   7.64986 0601
(2)......... 6 72196 4509
(3)........... 23131 0721   (3)...   4.36419 5762
(4)............ 922 1098
(5)............. 39 5556 B_9...   5.98639 046
(6)............. 1 7709 x^9...   6.97839 220
(7)................ 815
Pour les termes suivans 39   (4)...   2.96478 266

Somme...   0.00294 65912 6265 B_{11}...   5.29028 44
A...   9.95018 57658 7318 x^{11}...   6.30692 38

$l\,\Gamma(1+x) = 9.94723\ 91746\ 1053$ (5)...   1.59720 82

                                 B_{13}...   4.61273 3
                                 x^{13}...   5.63545 5

                                 (6)...   0.24818 8

                                 B_{15}...   3.94724
                                 x^{15}...   4.96399

                                 (7)...   8.91123

(78). Pour avoir le point précis du *minimum* il faut, pour la valeur donnée $x = 0.4616$, calculer les coefficiens différentiels $\frac{dZ}{dx}$, $\frac{ddZ}{dx^2}$, $\frac{ddZ}{dx^3}$, Z étant mis pour $l\,\Gamma(1+x)$.

Il conviendra, pour cet objet, de revenir à la première des équations (28). Cette équation légérement modifiée et adaptée aux logarithmes vulgaires, donnera, en faisant toujours $B_n = \frac{m}{n}(S_n - 1)$, les formules suivantes :

$$Z = -\, l(1+x) + Bx + B_2 x^2 - B_3 x^3 + B_4 x^4 - B_5 x^5 + \text{etc.},$$

$$\frac{dZ}{dx} = -\, \frac{m}{1+x} + B + 2B_2 x - 3B_3 x^2 + 4B_4 x^3 - 5B_5 x^4 + \text{etc.},$$

$$\frac{ddZ}{dx^2} = \quad \frac{m}{(1+x)^2} + 2B_2 - 6B_3 x + 12B_4 x^2 - 20B_5 x^3 + \text{etc.},$$

$$\frac{1}{2} \cdot \frac{d^3Z}{dx^3} = -\, \frac{m}{(1+x)^3} - 3B_3 + 12B_4 x - 30B_5 x^2 + \text{etc.},$$

$$\frac{1}{2.3} \cdot \frac{d^4Z}{dx^4} = \quad \frac{m}{(1+x)^4} + 4B_4 - 20B_5 x + \text{etc.},$$

$$\text{etc.}$$

Au moyen de ces formules on trouve, pour le cas dont il s'agit,

$$\frac{dZ}{dx} = -\, 0.00001\ 35093\ 33\,,$$

$$\frac{ddZ}{dx^2} = \quad 0.42026\ 7079\,,$$

$$\frac{d^3Z}{dx^3} = -\, 0.38460\ 1.$$

Désignant ces trois coefficiens différentiels par $-f$, g, $-h$, respectivement, on aura

$$l\,\Gamma(1+x+\omega) = Z - f\omega + \tfrac{1}{2}\,g\omega^2 - \tfrac{1}{2.3}\,h\omega^3.$$

Au point du *minimum*, la différentielle de cette quantité prise par rapport à ω doit être nulle, ce qui donne pour déterminer ω l'équation $f - g\omega + \tfrac{1}{2}h\omega^2 = 0$. Et comme f est très-petit par rapport à g et h, on en tire $\omega = \frac{f}{g}\left(1 + \frac{fh}{2g^2}\right)$, et le *minimum* cherché $= Z - \frac{1}{2}g\omega^2 + \frac{1}{3}h\omega^3$.

Substituant les valeurs trouvées de f, g, h, on aura......
$\omega = 0.00003\ 21451\ 105$, et la correction qu'il faut appliquer à Z,
$= -0.00000\ 00002\ 1713$. On peut donc fixer comme il suit le
minimum de la fonction Γa,

$$a = 1.46163\ 21451\ 105$$
$$\log \Gamma a = 9.94723\ 91743\ 9340.$$

(79). Pour faciliter l'usage des formules précédentes, on joint
ici une table des valeurs des coefficiens B_n et de leurs logarithmes,
calculés jusqu'au quinzième terme, ce qui est plus que suffisant
pour les applications où l'on n'a pas besoin de plus de 12 décimales exactes dans la valeur de $\log \Gamma (1 + x)$.

n	B_n	$\log B_n$
1	0.18361 29037 6840	9.26390 31988 6135
2	0.14004 56532 118	9.14626 96335 7783
3	0.02925 07326 917	8.46613 67490 379
4	0.00893 81315 34	7.95124 67415
5	0.00320 75040 58	7.50616 72144
6	0.00125 53326 86	7.09875 88372
7	0.00051 80064 42	6.71433 51608
8	0.00022 13466 62	6.34507 29774
9	0.00009 69148 80	5.98639 04633
10	0.00004 31938 49	5.63542 19056
11	0.00001 95112 17	5.29028 43534
12	0.00000 89061 69	4.94969 09488
13	0.00000 40995 17	4.61273 27627
14	0.00000 18999 80	4.27874 91451
15	0.00000 08856 20	3.94724 74888

§ IX. *Construction et usage de la table des logarithmes des fonctions* Γ.

(80). La table que nous avons donnée à la fin de la seconde partie, n'ayant été calculée que jusqu'à sept décimales, nous avons pensé qu'à raison des applications multipliées que peut avoir la fonction Γ dans diverses recherches d'analyse, il serait utile de calculer de nouveau cette table en poussant l'approximation jusqu'à douze décimales. C'est ce que nous avons exécuté de la manière suivante.

Comme les séries qui servent à calculer les différences successives de la fonction log Γa, sont moins simples et moins convergentes que celle qui donne immédiatement la valeur de cette fonction, nous n'avons point fait usage des différences, et nous avons calculé directement chaque terme par la formule (30), et pour les cas où x est très-petit, par la formule

$$\log \Gamma \left(1 + x \right) = - l(1 + x) + Bx + B_2 x^2 - B_3 x^3 + B_4 x^4 - \text{etc.}$$

On a calculé ainsi les valeurs de $\log \Gamma (1 + x)$, depuis $x = 0.001$ jusqu'à $x = 0.250$; ces valeurs ont servi dans chaque cas à déterminer leurs complémens au moyen de la formule

$$\Gamma \left(2 - x \right) = \frac{x \left(1 - x \right)}{\Gamma (1 + x)} \cdot \frac{\pi}{\sin \pi x}. \tag{31}$$

On a donc obtenu à la fois les valeurs de log Γa, depuis $a = 1.000$ jusqu'à $a = 1.250$, et depuis $a = 1.750$ jusqu'à $a = 2.000$.

Au moyen de ces valeurs qui composent déjà la moitié de la période, on a trouvé les valeurs de log Γa depuis $a = 1.375$ jusqu'à $a = 1.625$, ce qui forme un troisième quart de la période, par les formules

$$\Gamma \left(\tfrac{3}{2} - x \right) = \frac{4^x \, \Gamma (1 + x)}{\Gamma (1 + 2x)} \cdot \frac{\pi^{\frac{1}{2}} \left(\tfrac{1}{2} - x \right)}{\cos \pi x} ,$$

$$\Gamma \left(\tfrac{3}{2} + x \right) = \frac{\Gamma (1 + 2x)}{4^x \, \Gamma (1 + x)} \cdot \pi \left(\tfrac{1}{2} + x \right), \tag{32}$$

dans

dans lesquelles on a donné à x les valeurs successives depuis $x = 0.001$ jusqu'à $x = 0.125$.

La seconde des équations (32) jointe à l'équation (31), donne les formules

$$\Gamma(1 + x) = \frac{\Gamma(1 + 2x)}{\Gamma(\frac{3}{2} + x)} \cdot \frac{\pi^{\frac{1}{2}}(\frac{1}{2} + x)}{4^x},$$

$$\Gamma(2 - x) = \frac{x(1 - x)}{\Gamma(1 + x)} \cdot \frac{\pi}{\sin \pi x}, \qquad (33)$$

au moyen desquelles on a déterminé $\log \Gamma a$ depuis $a = 1.250$ jusqu'à $a = 1.312$, et depuis $a = 1.688$ jusqu'à $a = 1.750$.

Pour achever de calculer le reste de la période, on a passé des formules (33) aux formules (32), et ainsi alternativement, jusqu'à ce qu'on eût les valeurs de $\log \Gamma a$, qui s'approchent le plus des limites des deux suites qui sont $1\frac{1}{3}$ d'un côté, et $1\frac{2}{3}$ de l'autre.

(81). A chaque logarithme de la table, on a joint ses différences première, seconde et troisième. Ces différences marchent avec la régularité nécessaire pour garantir l'exactitude des calculs ; elles serviront à faire reconnaître et à corriger les fautes, s'il s'en était glissé dans l'impression ; de sorte qu'avec tous ces secours, on peut regarder les transcendantes Γ comme étant connues avec un degré de précision plus que suffisant pour toutes les applications qu'elles peuvent recevoir. Il faut maintenant entrer dans quelques détails sur les interpolations auxquelles donnera lieu l'usage de cette table.

Soit pour abréger, $A = \log \Gamma a$, et soient δA, $\delta^2 A$, $\delta^3 A$ les différences successives de A, telles que la table les donne, en supposant que les valeurs de a croissent continuellement d'une quantité $\omega = 0.001$. Pour avoir le terme X qui représente $\log \Gamma (a + \omega x)$, on aura la formule

$$X = A + x\left(\delta A + \frac{x-1}{2}\left(\delta^2 A + \frac{x-2}{3}\left(\delta^3 A, \right.\right.\right. \qquad (34)$$

dont le calcul se fera de la manière suivante.

10

Étant donnée la valeur de x qui sera toujours plus petite que l'unité, on calculera le terme $\frac{2-x}{3} \delta^3 A$ jusqu'à la douzième décimale seulement, et on formera, en observant les signes, la quantité $\delta^2 A - \left(\frac{2-x}{3}\right) \delta^3 A$, qu'on pourra appeler *la différence seconde corrigée*, et qu'on désignera par $\delta^2 A x$. On calculera de même jusqu'à la douzième décimale seulement, le terme $\frac{1-x}{2} \delta^2 A x$, et on formera la quantité $\delta A - \left(\frac{1-x}{2}\right) \delta^2 A x$, qu'on appellera *la différence première corrigée*, et qu'on désignera par $\delta A x$. Cela posé, il ne restera plus qu'à former la quantité $A + x \delta A x$ qui sera le logarithme cherché X.

(82). Soit proposé, par exemple, de trouver la valeur de $\log \Gamma \left(1 \frac{1}{12}\right)$; on fera $a = 1.083$, $x = \frac{1}{3}$, et on prendra dans la table, les nombres qui répondent à la racine 1.083. Ces nombres sont, en donnant aux différences les signes convenables,

A	δA	$\delta^2 A$	$\delta^3 A$
9.981 559 875 655	— 194 416 822	635 664	— 838.

On tire de là successivement,

$$\delta^2 A x = \delta^2 A - \tfrac{5}{9} \delta^3 A = \quad 636\ 130,$$
$$\delta A x = \delta A - \tfrac{1}{3} \delta^2 A x = -\ 194\ 628\ 865,$$
$$X = A + \tfrac{1}{3} \delta A x = 9.981\ 494\ 999\ 367,$$

valeur qui s'accorde avec celle que l'on trouve dans le tableau de l'article 43.

(83). Réciproquement, s'il s'agit de trouver la racine qui répond à un logarithme donné X, on prendra dans la table le logarithme prochainement moindre A, et la racine correspondante étant a, la différence $0.001 = \omega$, on supposera que $a + \omega x$ est la racine qui répond au logarithme donné $X = A + y$; et pour déterminer x, il faudra résoudre l'équation

$$y = x \left(\delta A + \frac{x-1}{2} \left(\delta^2 A + \frac{x-2}{3} \left(\delta^3 A \right. \right. \right.,$$

ce que l'on fera aisément par les deux opérations suivantes.

1°. On négligera dans y, δA, $\delta^2 A$, les quatre derniers chiffres, comme si la table n'était calculée qu'à huit décimales, l'équation à résoudre deviendra $y = x \left(\delta A + \frac{x-1}{2} \delta^2 A \right)$, et on en tire

$$x = \frac{y}{\delta A + \frac{x-1}{2} \delta^2 A}.$$

On pourra négliger d'abord le terme $\frac{x-1}{2} \delta^2 A$, ce qui donnera une première valeur approchée de x; tenant compte ensuite de ce terme, on aura une seconde valeur de x, calculée jusqu'à la septième décimale.

2°. Soit x' cette valeur, et α la correction qu'il faut lui appliquer, ensorte qu'on ait $x = x' + \alpha$, on calculera y' par la valeur

$$y' = x' \left(\delta A + \frac{x'-1}{2} \left(\delta^2 A + \frac{x'-2}{3} \delta^3 A \right. \right.,$$

et il restera à déterminer α d'après l'équation

$$\alpha = \frac{y - y'}{\delta A + (x' - \frac{1}{2}) \delta^2 A},$$

valeur dans laquelle on devra ne pas conserver plus de chiffres significatifs qu'il n'y en a au numérateur.

Connaissant α, on aura la racine cherchée $= a + \omega \left(x' + \alpha \right)$.

(84). Soit, par exemple, le logarithme proposé.............. $X = 9.950\,241\,672\,373$; le logarithme prochainement moindre, pris dans la table, a pour racine $a = 1.583$, et les nombres cor‑respondans sont

A	δA	$\delta^2 A$	$\delta^3 A$
9.950 225 531 586	48 548 340	377 764	— 315 ;

de là on tire $y = X — A = 16\ 140\ 787$; et la première valeur de x, désignée par x', sera donnée par l'équation

$$x' = \frac{1614}{4855 - \left(\frac{1 - x'}{2}\right)38} \; ;$$

d'où l'on tire $x' = 0.333$. Au moyen de cette valeur, on aura successivement

$$y' = 16\ 124\ 625,$$
$$y — y' = 16\ 162,$$
$$\delta A + \left(x' - \tfrac{1}{2}\right)\delta^2 A = 48\ 485\ 264,$$
$$a = \frac{16\ 162}{48\ 485\ 264} = 0.000\ 333\ 34.$$

La racine cherchée est donc $1.583\ 333\ 333\ 34$, ce qui s'accorde avec la valeur de $\log \Gamma \left(1\tfrac{7}{12}\right)$ portée dans le tableau de l'article 43.

(85). Puisque la fonction Γa augmente à l'infini de part et d'autre du point où elle est un *minimum*, il s'ensuit que pour toute valeur donnée de Γa, plus grande que le *minimum*, il y aura toujours deux valeurs réelles de la racine a. Dans l'exemple précédent, on voit par la table que la seconde valeur est comprise entre 1.344 et 1.345. Les nombres qui correspondent à la racine $a = 1.344$, sont

A	δA	$\delta^2 A$	$\delta^3 A$
9.950 256 821 818	— 52 058 495	470 189	— 475.

D'après ces données, on aura $y = X — A = — 15\ 149\ 445$,

$$x' = \frac{1515}{5206 + \left(\frac{1 - x'}{2}\right).47} = 0.290.$$

Au moyen de cette valeur de x', le calcul s'achève ainsi :

$$y' = - \ 15\ 145\ 397,$$
$$y - y' = - \ 4048,$$
$$\delta A + (x' - \tfrac{1}{2})\,\delta^2 A = - \ 52\ 157\ 235,$$
$$\alpha = \frac{4048}{52\ 157\ 235} = 0.000\ 077\ 61 :$$

donc la racine cherchée $a + \omega\,(x' + \alpha) = 1.344\ 290\ 077\ 61$.

(86). Étant donnée une valeur de a non comprise entre 1 et 2, il n'y a aucune difficulté à trouver $\log \Gamma a$; il faut pour cela réduire la valeur donnée à celles qui sont comprises dans la table, ce qui se fera au moyen de l'équation $\Gamma(1 + x) = x\,\Gamma x$. Ainsi si l'on demande la valeur de $\log \Gamma (3.318)$, on la déterminera par l'équation $\log \Gamma(3.3148) = \log (2.3148) + l\,\Gamma (2.3148) = l\,(2.3148) + l\,(1.3148) + l\,\Gamma(1.3148)$. De même on aurait $l\,\Gamma(0.3148) = l\,\Gamma(1.3148) - l\,(0.3148)$; ainsi tout se réduit à trouver $l\,\Gamma(1.3148)$; ce qui se fera aisément par la formule de l'art. 81.

(87). Mais s'il s'agit de trouver la racine a qui correspond à une valeur de $\log \Gamma a$ non comprise dans les limites de la table, voici la méthode qu'il faudra suivre.

Soit proposé, par exemple, de trouver la valeur de c qui donne $\Gamma c = \pi$, ou $\log \Gamma c = 0.497\ 149\ 872\ 694$. Il y a deux de ces valeurs, l'une qui est comprise dans la première période, l'autre qui appartient à la troisième. Bornons-nous à déterminer cette dernière.

On trouve d'abord, par quelques essais, que la valeur cherchée est comprise entre 3.448 et 3.449. Pour trouver la valeur exacte, il est nécessaire d'avoir les valeurs de $\log \Gamma$ qui répondent aux racines successives 3.448, 3.449, 3.450, 3.451. Voici le calcul de ces valeurs :

$$
\begin{aligned}
&2.448\ldots\ldots 0.388\,811\,413\,473\,52 \qquad\qquad 2.449\ldots\ldots 0.388\,988\,785\,124\,71\\
&1.448\ldots\ldots 0.160\,768\,561\,861\,13 \qquad\qquad 1.449\ldots\ldots 0.161\,068\,385\,471\,17\\
&\Gamma(1.448)\ldots 9.947\,278\,386\,843 \qquad\qquad\;\; \Gamma(1.449)\ldots 9.947\,272\,834\,564\\
&\overline{\Gamma(3.448)\ldots 0.496\,858\,362\,178} \qquad\quad \overline{\Gamma(3.449)\ldots 0.497\,330\,005\,160}
\end{aligned}
$$

$$
\begin{aligned}
&2.450\ldots\ldots 0.389\,166\,084\,364\,53 \qquad\qquad 2.451\ldots\ldots 0.389\,343\,311\,252\,08\\
&1.450\ldots\ldots 0.161\,368\,002\,234\,97 \qquad\qquad 1.451\ldots\ldots 0.161\,667\,412\,437\,74\\
&\Gamma(1.450)\ldots 9.947\,267\,707\,452 \qquad\qquad\;\; \Gamma(1.451)\ldots 9.947\,263\,005\,114\\
&\overline{\Gamma(3.450)\ldots 0.497\,801\,794\,051} \qquad\quad \overline{\Gamma(3.451)\ldots 0.498\,273\,728\,804.}
\end{aligned}
$$

Désignant comme ci-dessus 3.448 par a, et $\log \Gamma a$ par A, on aura la valeur de A et de ses différences successives comme il suit :

$$
\begin{array}{c|c|c|c}
A & \delta A & \delta^2 A & \delta^3 A\\
\hline
0.496\;858\,362\,178 & 471\,642\,982 & 145\,909 & -47
\end{array}.
$$

Soit encore $c = a + \omega x$, $\log \Gamma c = X$, $y = X - A$, on aura $y = 291\,510\,516$, et la première valeur approchée de x sera donnée par l'équation

$$
x' = \frac{291\,51}{47164 - \left(\frac{1 - x'}{2}\right).15} = 0.6181.
$$

Soit enfin $x = x' + \alpha$, on aura

$$
\begin{aligned}
y' &= 291\,505\,306,\\
y - y' &= 5210,\\
\delta A + \left(x' - \tfrac{1}{2}\right)\delta^2 A &= 471\,625\,750,\\
\alpha &= \frac{5210}{471\,625\,750} = 0.000\,011\,047.
\end{aligned}
$$

Donc la racine cherchée $c = a + \omega\,(x' + \alpha) = 3.448\,618\,111\,047.$

La seconde racine de l'équation $\Gamma c = \pi$ serait $c = 0.286\,3641$, et il serait facile de la trouver avec un plus grand nombre de décimales.

(88). On peut encore, par notre table, trouver les valeurs approchées des coefficiens différentiels $\frac{d \log \Gamma a}{da}$, $\frac{dd \log \Gamma a}{da^2}$, $\frac{d \log \Gamma a}{da^3}$, qui sont des transcendantes particulières dont nous avons fait voir différens usages. Ces coefficiens se calculeront par les formules suivantes, où l'on a fait $\log \Gamma a = A$.

$$\omega \frac{dA}{da} = \delta A - \tfrac{1}{2} \delta^2 A + \tfrac{1}{3} \delta^3 A - \tfrac{1}{4} \delta^4 A + \tfrac{1}{5} \delta^5 A - \text{etc.},$$

$$\omega^2 \frac{ddA}{da^2} = \delta^2 A - \delta^3 A + \tfrac{11}{12} \delta^4 A - \tfrac{5}{6} \delta^5 A + \text{etc.},$$

$$\omega^3 \frac{d^3A}{da^3} = \delta^3 A - \tfrac{3}{2} \delta^4 A + \tfrac{7}{4} \delta^5 A - \text{etc.},$$

$$\omega^4 \frac{d^4A}{da^4} = \delta^4 A - 2 \delta^5 A + \text{etc.};$$

ω est la différence par laquelle on fait croître la racine a pour former les différences successives δA, $\delta^2 A$, $\delta^3 A$, etc. On a $\omega = 0.001$ quand on prend dans la table les termes qui se suivent immédiatement; mais on pourrait également faire $\omega = 0.002, 0.003$, ou plus, afin de rendre sensible la différence quatrième $\delta^4 A$ qui est presque toujours au-dessous d'une unité décimale du douzième ordre, lorsqu'on prend $\omega = 0.001$.

En se bornant à l'hypothèse $\omega = 0.001$ qui est la plus simple, puisque la table donne, sur une même ligne, les nombres A, δA, $\delta^2 A$, $\delta^3 A$, on voit que la valeur qui en résultera pour le coefficient $\frac{dA}{da}$, ne sera approchée que jusqu'à la neuvième décimale à peu près ; celle de $\frac{d^2A}{da^2}$ ne le sera que jusqu'à la sixième, et celle de $\frac{d^3A}{da^3}$ jusqu'à la troisième. Mais c'est déjà un grand avantage d'avoir les deux premières transcendantes d'une manière si facile et avec un pareil degré d'approximation.

(89). Soit, par exemple, $a = 1.500$; les différences données immédiatement dans la table pour cette valeur de a, sont

$$\delta A = 16\,050\,324, \quad \delta^2 A = 405\,620, \quad \delta^3 A = -359;$$

on en tire les coefficiens différentiels

$$\frac{dA}{da} = 0.015\,847\,394, \quad \frac{ddA}{da^2} = 0.405\,979, \quad \frac{d^3A}{da^3} = -0.359.$$

Si au lieu de faire $\omega = 0.001$, on fait $\omega = 0.002$; c'est-à-dire, si on prend dans la table les fonctions A qui répondent aux racines successives 1.500, 1.502, 1.504, 1.506, 1.508, on aura les valeurs de δA, $\delta^2 A$, $\delta^3 A$, $\delta^4 A$, comme il suit,

$$\delta A = 32\,506\,268, \quad \delta^2 A = 1\,621\,044, \quad \delta^3 A = -2865, \quad \delta^4 A = 10.$$

De là résultent les coefficiens différentiels,

$$\frac{dA}{da} = 0.015\,847\,394\,250, \quad \frac{ddA}{da^2} = 0.405\,9795, \quad \frac{d^3A}{da^3} = -0.3600.$$

Ces valeurs diffèrent très-peu de celles qu'on a obtenues immédiatement par les différences des termes consécutifs.

Soit encore $\omega = 0.005$; on aura à considérer les différences successives des termes de la table qui répondent aux racines 1.500, 1.505, 1.510, 1.515, 1.520; ces différences sont

$$\delta A = 84\,304\,232, \quad \delta^2 A = 10\,104\,715, \quad \delta^3 A = -44\,425, \quad \delta^4 A = 374,$$

et on en déduit les coefficiens différentiels

$$\frac{dA}{da} = 0.015\,847\,394\,53, \quad \frac{ddA}{da^2} = 0.405\,979\,32, \quad \frac{d^3A}{da^3} = -0.359\,89.$$

Ces valeurs diffèrent peu des précédentes et semblent devoir être plus approchées de la vérité, parce qu'on a tenu compte des différences quatrièmes devenues sensibles par une plus grande valeur de ω; cependant la valeur de ω ne doit pas passer une certaine limite, et cette limite qu'il serait difficile de déterminer avec précision, dépend de la loi que suivent les différences successives de la fonction A.

(90). Dans l'exemple précédent, il est facile de vérifier la valeur obtenue

obtenue pour $\frac{dA}{da}$; car en faisant $a = \frac{1}{2}$ dans la formule (17), art. 51 , et observant que les logarithmes de la formule doivent être multipliés par le module $m = \frac{1}{M}$ pour les changer en logarithmes vulgaires, on aura

$$M \frac{dA}{da} = -C + \int \frac{(1 - x^{\frac{1}{2}})\, dx}{1 - x}.$$

L'intégrale du second membre, prise depuis $x = 0$ jusqu'à $x = 1$, est égale à $2 - 2M\, l2$; donc

$$\frac{dA}{da} = (2 - C)\, m - 2\, l2.$$

Mais on a fait ci-dessus $B = m(1-C)$; ainsi on aura $\frac{dA}{da} = m + B - 2l2$; ce qui donne, en substituant les valeurs connues,

$$\frac{dA}{da} = 0.015\ 847\ 394\ 343\ 69,$$

valeur qui doit être exacte jusqu'à la quatorzième décimale : elle prouve que les résultats obtenus par la méthode précédente, sont moins exacts dans l'hypothèse $\omega = 0.005$ que dans l'hypothèse $\omega = 0.002$.

(91). Les formules précédentes donnent les coefficiens différentiels de la fonction $A = \log \Gamma a$, en supposant que a se trouve immédiatement dans la table ; mais s'il faut trouver les coefficiens différentiels de la fonction $X = \log \Gamma (a + \omega x)$, qui est intermédiaire entre les deux fonctions consécutives données par la table $A = \log \Gamma a$, $A + \delta A = \log \Gamma (a + \omega)$, voici comment on résoudra ce problème d'interpolation.

On a généralement

$$X = A + x \delta A + \frac{x \cdot x - 1}{2}\, \delta^2 A + \frac{x \cdot x - 1 \cdot x - 2}{2.3}\, \delta^3 A + \text{etc.},$$

et si l'on fait $a + \omega x = a$, on aura, en supposant que x seule varie,

$da = \omega dx$, d'où $\omega \dfrac{dX}{da} = \dfrac{dX}{dx}$. Différentiant donc la valeur de X par rapport à x, et réitérant les différentiations, on aura

$$\omega \frac{dX}{da} = \delta A + \frac{2x-1}{2}\,\delta^2 A + \frac{3x^2-6x+2}{2.3}\,\delta^3 A$$
$$+ \frac{4x^3-18x^2+22x-6}{2.3.4}\,\delta^4 A + \text{etc.},$$

$$\omega^2 \frac{ddX}{da^2} = \delta^2 A + (x-1)\,\delta^3 A + \frac{6x^2-18x+11}{3.4}\,\delta^4 A + \text{etc.},$$

$$\omega^3 \frac{d^3X}{da^3} = \delta^3 A + (x-\tfrac{3}{2})\,\delta^4 A + \text{etc.},$$

etc.

On connaîtra donc les coefficiens différentiels dont il s'agit, par les différences δA, $\delta^2 A$, $\delta^3 A$ que la table donne immédiatement.

(92). Dans le cas de $x = 1$, on a $a = a + \omega$, et les formules deviennent

$$\omega \frac{dX}{da} = \delta A + \tfrac{1}{2}\delta^2 A - \tfrac{1}{6}\delta^3 A + \tfrac{1}{12}\delta^4 A + \text{etc.},$$

$$\omega^2 \frac{ddX}{da^2} = \delta^2 A - \tfrac{1}{12}\delta^4 A + \text{etc.},$$

$$\omega^3 \frac{d^3X}{da^3} = \delta^3 A - \tfrac{1}{2}\delta^4 A + \text{etc.}$$

Celles-ci offrent des formules un peu plus convergentes que celles de l'article 81, de sorte qu'il y a quelqu'avantage à déterminer les coefficiens différentiels de la fonction $\log \Gamma (a + \omega)$ par le moyen des différences qui répondent à la fonction précédente $\log \Gamma a$.

(93). Appliquons les formules précédentes à la fonction......
$X = \log \Gamma (1 + \tfrac{1}{3})$. Alors on fera $a = 1.333$, $x = \tfrac{1}{3}$, et les différences données immédiatement dans la table seront

$$\delta A = -57\,262\,267, \quad \delta^2 A = 475\,486, \quad \delta^3 A = -483,$$

d'où résultent les valeurs suivantes des coefficiens différentiels,

$$\frac{dX}{da} = - \ 0.057\ 341\ 541\ 5\ ,$$

$$\frac{ddX}{da^2} = \ \ \ 0.475\ 808\ ,$$

$$\frac{d^3X}{da^3} = - \ 0.483.$$

Pour vérifier le premier de ces résultats, on peut avoir recours à la formule (17) qui donne

$$\frac{dX}{da} = - mC + m\int \frac{(1 - x^{\frac{1}{3}})\,dx}{1-x}.$$

Effectuant l'intégration indiquée entre les limites $x = 0$, $x = 1$, il vient

$$\frac{dX}{da} = B + 2m - \tfrac{1}{2}\log 27 - \frac{m\pi}{12},$$

et en substituant les valeurs numériques,

$$\frac{dX}{da} = - \ 0.057\ 341\ 542\ 088\ 65\ ,$$

d'où l'on voit que nos déterminations sont aussi exactes qu'on peut le desirer.

(94). Lorsque a est un nombre rationnel $\frac{m}{n}$, on a vu dans l'article 51 que l'intégrale $Z = \int \frac{(1 - x^a)\,dx}{1-x}$, prise depuis $x = 0$ jusqu'à $x = 1$, est exprimée par $\frac{1}{a} - nB_m$, B_m étant une quantité dont la valeur est donnée par arcs de cercle et par logarithmes (art. 35, deuxième partie). Mais si l'on suppose, par exemple, $a = \frac{563}{1000}$, la valeur de B_m dont il s'agit sera tellement compliquée, qu'il deviendra à peu près impossible d'en tirer la valeur numérique de l'intégrale Z, et la difficulté serait encore plus grande si a était une fraction plus composée.

Dans ce cas, l'intégrale dont il s'agit pourra se trouver d'une manière beaucoup plus facile par la formule de l'article 17, qui donne

$$Z = C + M \frac{d \log \mathrm{r}a}{da} :$$

or pour la valeur $a = 1.563$, on trouve le coefficient différentiel

$$\frac{d \log \mathrm{r}a}{da} = 0.040\ 734\ 344.$$

Ainsi on aura l'intégrale cherchée $Z = 0.671\ 009\ 958$, laquelle doit être exacte au moins jusqu'à la huitième décimale.

Nous sommes entrés dans d'assez grands détails sur ces diverses méthodes d'interpolation, parce qu'elles sont peu connues, et qu'elles peuvent s'appliquer à toutes les tables dans lesquelles il est nécessaire d'avoir égard aux différences du troisième ordre.

TABLE

TABLE

DES LOGARITHMES DE LA FONCTION Γa,

Calculés à douze décimales, pour toutes les valeurs de la racine a, de millième en millième, depuis 1.000 jusqu'à 2.000.

On y a joint leurs différences première, seconde et troisième.

a	Log. Γa.	Diff. I.	II.	III.	a	Log. Γa.	Diff. I.	II.	III.
1.000	0.000 000 000 000	250 324 559	713 343	1039	1.050	9.988 337 858 790	215 878 738	664 580	911
1.001	9.999 749 675 441	249 611 216	712 304	1038	1.051	9.988 121 980 052	215 214 158	663 669	911
1.002	9.999 500 064 225	248 898 912	711 266	1034	1.052	9.987 906 765 894	214 550 489	662 758	908
1.003	9.999 251 165 313	248 187 646	710 232	1031	1.053	9.987 692 215 405	213 887 731	661 850	904
1.004	9.999 002 977 667	247 477 414	709 201	1030	1.054	9.987 478 327 674	213 225 881	660 946	902
1.005	9.998 755 500 253	246 768 213	708 171	1024	1.055	9.987 265 101 793	212 564 935	660 044	902
1.006	9.998 508 732 040	246 060 042	707 147	1025	1.056	9.987 052 536 858	211 904 891	659 142	898
1.007	9.998 262 671 998	245 352 895	706 122	1020	1.057	9.986 840 631 967	211 245 749	658 244	896
1.008	9.998 017 319 103	244 646 773	705 102	1018	1.058	9.986 629 386 218	210 587 505	657 348	893
1.009	9.997 772 672 330	243 941 671	704 084	1014	1.059	9.986 418 798 713	209 930 157	656 455	893
1.010	9.997 528 730 659	243 237 587	703 070	1014	1.060	9.986 208 868 556	209 273 702	655 562	887
1.011	9.997 285 493 072	242 534 517	702 056	1008	1.061	9.985 999 594 854	208 618 140	654 675	888
1.012	9.997 042 958 555	241 832 461	701 048	1008	1.062	9.985 790 976 714	207 963 465	653 787	886
1.013	9.996 801 126 094	241 131 413	700 040	1004	1.063	9.985 583 013 249	207 309 678	652 901	880
1.014	9.996 559 994 681	240 431 373	699 036	1002	1.064	9.985 375 703 571	206 656 777	652 021	882
1.015	9.996 319 563 308	239 732 337	698 034	998	1.065	9.985 169 046 794	206 004 756	651 139	878
1.016	9.996 079 830 971	239 034 303	697 036	998	1.066	9.984 963 042 038	205 353 617	650 261	876
1.017	9.995 840 796 668	238 337 267	696 038	992	1.067	9.984 757 688 421	204 703 356	649 385	873
1.018	9.995 602 459 401	237 641 229	695 046	992	1.068	9.984 552 985 065	204 053 971	648 512	871
1.019	9.995 364 818 172	236 946 183	694 054	989	1.069	9.984 348 931 094	203 405 459	647 641	871
1.020	9.995 127 871 989	236 252 129	693 065	985	1.070	9.984 145 525 635	202 757 818	646 770	866
1.021	9.994 891 619 860	235 559 064	692 080	983	1.071	9.983 942 767 817	202 111 048	645 904	865
1.022	9.994 656 060 796	234 866 984	691 097	982	1.072	9.983 740 656 769	201 465 144	645 039	863
1.023	9.994 421 193 812	234 175 887	690 115	977	1.073	9.983 539 191 625	200 820 105	644 176	861
1.024	9.994 187 017 925	233 485 772	689 138	975	1.074	9.983 338 371 520	200 175 929	643 315	859
1.025	9.993 953 532 153	232 796 634	688 163	974	1.075	9.983 138 195 591	199 532 614	642 456	855
1.026	9.993 720 735 519	232 108 471	687 189	971	1.076	9.982 938 662 977	198 890 158	641 601	855
1.027	9.993 488 627 048	231 421 282	686 218	967	1.077	9.982 739 772 819	198 248 557	640 746	852
1.028	9.993 257 205 766	230 735 064	685 251	966	1.078	9.982 541 524 262	197 607 811	639 894	851
1.029	9.993 026 470 702	230 049 813	684 285	962	1.079	9.982 343 916 451	196 967 917	639 043	846
1.030	9.992 796 420 889	229 365 528	683 323	961	1.080	9.982 146 948 534	196 328 874	638 197	848
1.031	9.992 567 055 361	228 682 205	682 362	957	1.081	9.981 950 619 660	195 690 677	637 349	843
1.032	9.992 338 373 156	227 999 843	681 405	956	1.082	9.981 754 928 983	195 053 328	636 506	842
1.033	9.992 110 373 313	227 318 438	680 449	954	1.083	9.981 559 875 655	194 416 822	635 664	838
1.034	9.991 883 054 875	226 637 989	679 495	948	1.084	9.981 365 458 833	193 781 158	634 826	839
1.035	9.991 656 416 886	225 958 494	678 547	950	1.085	9.981 171 677 675	193 146 332	633 987	836
1.036	9.991 430 458 392	225 279 947	677 597	945	1.086	9.980 978 531 343	192 512 345	633 151	833
1.037	9.991 205 178 445	224 602 350	676 652	942	1.087	9.980 786 018 998	191 879 194	632 318	830
1.038	9.990 980 576 095	223 925 698	675 710	942	1.088	9.980 594 139 804	191 246 876	631 488	831
1.039	9.990 756 650 397	223 249 988	674 768	938	1.089	9.980 402 892 928	190 615 388	630 657	828
1.040	9.990 533 400 409	222 575 220	673 830	935	1.090	9.980 212 277 540	189 984 731	629 829	824
1.041	9.990 310 825 189	221 901 390	672 895	934	1.091	9.980 022 292 809	189 354 902	629 005	822
1.042	9.990 088 923 799	221 228 495	671 961	930	1.092	9.979 832 937 907	188 725 897	628 183	824
1.043	9.989 867 695 304	220 556 534	671 031	929	1.093	9.979 644 212 010	188 097 714	627 359	819
1.044	9.989 647 138 770	219 885 503	670 102	927	1.094	9.979 456 114 296	187 470 355	626 540	816
1.045	9.989 427 253 267	219 215 401	669 175	923	1.095	9.979 268 643 941	186 843 815	625 724	815
1.046	9.989 208 037 866	218 546 226	668 252	922	1.096	9.979 081 800 126	186 218 091	624 909	814
1.047	9.988 989 491 640	217 877 974	667 330	918	1.097	9.978 895 582 035	185 593 182	624 095	812
1.048	9.988 771 613 666	217 210 644	666 412	918	1.098	9.978 709 988 853	184 969 087	623 283	809
1.049	9.988 554 403 022	216 544 232	665 494	914	1.099	9.978 525 019 766	184 345 804	622 474	807
1.050	9.988 337 858 790	215 878 738	664 580	911	1.100	9.978 340 673 962	183 723 330	621 667	806

a	Log. ra	Diff. I.	II.	III.
1.100	9.978 340 673 962	183 723 330	621 667	806
1.101	9.978 156 950 632	183 101 663	620 861	804
1.102	9.977 973 848 969	182 480 802	620 057	801
1.103	9.977 791 368 167	181 860 745	619 256	799
1.104	9.977 609 507 422	181 241 489	618 457	799
1.105	9.977 428 265 933	180 623 032	617 658	795
1.106	9.977 247 642 901	180 005 374	616 863	794
1.107	9.977 067 637 527	179 388 511	616 069	792
1.108	9.976 888 249 016	178 772 442	615 277	791
1.109	9.976 709 476 574	178 157 165	614 486	787
1.110	9.976 531 319 409	177 542 679	613 699	787
1.111	9.976 353 776 730	176 928 980	612 912	784
1.112	9.976 176 847 750	176 316 068	612 128	783
1.113	9.976 000 531 682	175 703 940	611 345	780
1.114	9.975 824 827 742	175 092 595	610 565	779
1.115	9.975 649 735 147	174 482 030	609 786	778
1.116	9.975 475 253 117	173 872 244	609 008	775
1.117	9.975 301 380 873	173 263 236	608 233	772
1.118	9.975 128 117 637	172 655 003	607 461	772
1.119	9.974 955 462 634	172 047 542	606 689	770
1.120	9.974 783 415 092	171 440 853	605 919	768
1.121	9.974 611 974 239	170 834 934	605 151	766
1.122	9.974 441 139 305	170 229 783	604 385	763
1.123	9.974 270 909 522	169 625 398	603 622	764
1.124	9.974 101 284 124	169 021 776	602 858	759
1.125	9.973 932 262 348	168 418 918	602 099	759
1.126	9.973 763 843 430	167 816 819	601 340	758
1.127	9.973 596 026 611	167 215 479	600 582	755
1.128	9.973 428 811 132	166 614 897	599 827	753
1.129	9.973 262 196 235	166 015 070	599 074	752
1.130	9.973 096 181 165	165 415 996	598 322	749
1.131	9.972 930 765 169	164 817 674	597 573	749
1.132	9.972 765 947 495	164 220 101	596 824	747
1.133	9.972 601 727 394	163 623 277	596 077	743
1.134	9.972 438 104 117	163 027 200	595 334	744
1.135	9.972 275 076 917	162 431 866	594 590	741
1.136	9.972 112 645 051	161 837 276	593 849	739
1.137	9.971 950 807 775	161 243 427	593 110	738
1.138	9.971 789 564 348	160 650 317	592 372	736
1.139	9.971 628 914 031	160 057 945	591 636	735
1.140	9.971 468 856 086	159 466 309	590 901	732
1.141	9.971 309 389 777	158 875 408	590 169	730
1.142	9.971 150 514 369	158 285 239	589 439	731
1.143	9.970 992 229 130	157 695 800	588 708	726
1.144	9.970 834 533 330	157 107 092	587 982	726
1.145	9.970 677 426 238	156 519 110	587 256	724
1.146	9.970 520 907 128	155 931 854	586 532	724
1.147	9.970 364 975 274	155 345 322	585 808	720
1.148	9.970 209 629 952	154 759 514	585 088	718
1.149	9.970 054 870 438	154 174 426	584 370	718
1.150	9.969 900 696 012	153 590 056	583 652	717

a.	Log. ra	Diff. I.	II.	III.
1.150	9.969 900 696 012	153 590 056	583 652	717
1.151	9.969 747 105 956	153 006 404	582 935	712
1.152	9.969 594 099 552	152 423 469	582 223	715
1.153	9.969 441 676 083	151 841 246	581 508	711
1.154	9.969 289 834 837	151 259 738	580 797	707
1.155	9.969 138 575 099	150 678 941	580 090	708
1.156	9.968 987 896 158	150 098 851	579 382	708
1.157	9.968 837 797 307	149 519 469	578 674	703
1.158	9.968 688 277 838	148 940 795	577 971	703
1.159	9.968 539 337 043	148 362 824	577 268	701
1.160	9.968 390 974 219	147 785 556	576 567	700
1.161	9.968 243 188 663	147 208 989	575 867	698
1.162	9.968 095 979 674	146 633 122	575 169	697
1.163	9.967 949 346 552	146 057 953	574 472	694
1.164	9.967 803 288 599	145 483 481	573 778	693
1.165	9.967 657 805 118	144 909 703	573 085	693
1.166	9.967 512 895 415	144 336 618	572 392	689
1.167	9.967 368 558 797	143 764 226	571 703	689
1.168	9.967 224 794 571	143 192 523	571 014	688
1.169	9.967 081 602 048	142 621 509	570 326	684
1.170	9.966 938 980 539	142 051 183	569 642	684
1.171	9.966 796 929 356	141 481 541	568 958	684
1.172	9.966 655 447 815	140 912 583	568 274	679
1.173	9.966 514 535 232	140 344 309	567 595	680
1.174	9.966 374 190 923	139 776 714	566 915	678
1.175	9.966 234 414 209	139 209 799	566 237	677
1.176	9.966 095 204 410	138 645 562	565 560	673
1.177	9.965 956 560 848	138 078 002	564 887	675
1.178	9.965 818 482 846	137 513 115	564 212	671
1.179	9.965 680 969 731	136 948 903	563 541	671
1.180	9.965 544 020 828	136 385 362	562 870	666
1.181	9.965 407 635 466	135 822 492	562 204	670
1.182	9.965 271 812 974	135 260 288	561 534	665
1.183	9.965 136 552 686	134 698 754	560 869	665
1.184	9.965 001 853 932	134 137 885	560 204	662
1.185	9.964 867 716 047	133 577 681	559 542	661
1.186	9.964 734 138 366	133 018 139	558 881	660
1.187	9.964 601 120 227	132 459 258	558 221	659
1.188	9.964 468 660 969	131 901 037	557 562	657
1.189	9.964 336 759 932	131 343 475	556 905	656
1.190	9.964 205 416 457	130 786 570	556 249	652
1.191	9.964 074 629 887	130 230 321	555 597	654
1.192	9.963 944 399 566	129 674 724	554 943	652
1.193	9.963 814 724 842	129 119 781	554 291	648
1.194	9.963 685 605 061	128 565 490	553 643	649
1.195	9.963 557 039 571	128 011 847	552 994	647
1.196	9.963 429 027 724	127 458 853	552 347	645
1.197	9.963 301 568 871	126 906 506	551 702	645
1.198	9.963 174 662 365	126 354 804	551 057	642
1.199	9.963 048 307 561	125 803 747	550 415	640
1.200	9.962 922 503 814	125 253 332	549 775	642

a	Log. Γa	Diff. I	II	III
1.200	9.962 922 503 814	125 253 332	549 775	642
1.201	9.962 797 250 482	124 703 557	549 133	637
1.202	9.962 672 546 925	124 154 424	548 496	637
1.203	9.962 548 392 501	123 605 928	547 859	637
1.204	9.962 424 786 573	123 058 069	547 222	632
1.205	9.962 301 728 504	122 510 847	546 590	635
1.206	9.962 179 217 657	121 964 257	545 955	630
1.207	9.962 057 253 400	121 418 302	545 325	630
1.208	9.961 935 835 098	120 872 977	544 695	630
1.209	9.961 814 962 121	120 328 282	544 065	626
1.210	9.961 694 633 839	119 784 217	543 439	627
1.211	9.961 574 849 622	119 240 778	542 812	625
1.212	9.961 455 608 844	118 697 966	542 187	621
1.213	9.961 336 910 878	118 155 779	541 566	624
1.214	9.961 218 755 099	117 614 213	540 942	620
1.215	9.961 101 140 886	117 073 271	540 322	620
1.216	9.960 984 067 615	116 532 949	539 702	616
1.217	9.960 867 534 666	115 993 247	539 086	618
1.218	9.960 751 541 419	115 454 161	538 468	616
1.219	9.960 636 087 258	114 915 693	537 852	612
1.220	9.960 521 171 565	114 377 841	537 240	613
1.221	9.960 406 793 724	113 840 601	536 627	612
1.222	9.960 292 953 123	113 303 974	536 015	610
1.223	9.960 179 649 149	112 767 959	535 405	609
1.224	9.960 066 881 190	112 232 554	534 796	606
1.225	9.959 954 648 636	111 697 758	534 190	607
1.226	9.959 842 950 878	111 163 568	533 583	605
1.227	9.959 731 787 310	110 629 985	532 978	602
1.228	9.959 621 157 325	110 097 007	532 376	604
1.229	9.959 511 060 318	109 564 631	531 772	600
1.230	9.959 401 495 687	109 032 859	531 172	600
1.231	9.959 292 462 828	108 501 687	530 572	598
1.232	9.959 183 961 141	107 971 215	529 974	597
1.233	9.959 075 990 026	107 441 141	529 377	596
1.234	9.958 968 548 885	106 911 764	528 781	595
1.235	9.958 861 637 121	106 382 983	528 186	592
1.236	9.958 755 254 138	105 854 797	527 594	593
1.237	9.958 649 399 341	105 327 203	527 001	591
1.238	9.958 544 072 138	104 800 202	526 410	589
1.239	9.958 439 271 936	104 273 792	525 821	589
1.240	9.958 334 998 144	103 747 971	525 232	586
1.241	9.958 231 250 173	103 222 739	524 646	586
1.242	9.958 128 027 434	102 698 093	524 060	585
1.243	9.958 025 329 341	102 174 033	523 475	585
1.244	9.957 923 155 308	101 650 558	522 892	582
1.245	9.957 821 504 750	101 127 666	522 310	582
1.246	9.957 720 377 084	100 605 356	521 728	577
1.247	9.957 619 771 728	100 083 628	521 151	581
1.248	9.957 519 688 100	99 562 477	520 570	577
1.249	9.957 420 125 623	99 041 907	519 993	576
1.250	9.957 321 083 716	98 521 914	519 417	575

a	Log. Γa	Diff. I	II	III
1.250	9.957 321 083 716	98 521 914	519 417	575
1.251	9.957 222 561 802	98 002 497	518 842	575
1.252	9.957 124 559 305	97 483 655	518 270	572
1.253	9.957 027 075 650	96 965 385	517 698	572
1.254	9.956 930 110 265	96 447 687	517 126	571
1.255	9.956 833 662 578	95 930 561	516 555	570
1.256	9.956 737 732 017	95 414 006	515 985	565
1.257	9.956 642 318 011	94 898 021	515 420	568
1.258	9.956 547 419 990	94 382 601	514 852	566
1.259	9.956 453 037 389	93 867 749	514 286	563
1.260	9.956 359 169 640	93 353 463	513 723	563
1.261	9.956 265 816 177	92 839 740	513 160	561
1.262	9.956 172 976 437	92 326 580	512 599	561
1.263	9.956 080 649 857	91 813 981	512 038	561
1.264	9.955 988 835 876	91 301 943	511 477	557
1.265	9.955 897 533 933	90 790 466	510 920	557
1.266	9.955 806 743 467	90 279 546	510 363	558
1.267	9.955 716 463 921	89 769 183	509 805	553
1.268	9.955 626 694 738	89 259 378	509 252	553
1.269	9.955 537 435 360	88 750 126	508 699	553
1.270	9.955 448 685 234	88 241 427	508 146	554
1.271	9.955 360 443 807	87 733 281	507 592	549
1.272	9.955 272 710 526	87 225 689	507 043	548
1.273	9.955 185 484 837	86 718 646	506 495	548
1.274	9.955 098 766 191	86 212 151	505 947	549
1.275	9.955 012 554 040	85 706 204	505 398	545
1.276	9.954 926 847 836	85 200 806	504 853	545
1.277	9.954 841 647 030	84 695 953	504 308	542
1.278	9.954 756 951 077	84 191 645	503 766	543
1.279	9.954 672 759 432	83 687 879	503 223	543
1.280	9.954 589 071 553	83 184 656	502 680	539
1.281	9.954 505 886 897	82 681 976	502 141	539
1.282	9.954 423 204 921	82 179 835	501 602	538
1.283	9.954 341 025 086	81 678 233	501 064	538
1.284	9.954 259 346 853	81 177 169	500 526	536
1.285	9.954 178 169 684	80 676 643	499 990	535
1.286	9.954 097 493 041	80 176 653	499 455	532
1.287	9.954 017 316 388	79 677 198	498 923	534
1.288	9.953 937 639 190	79 178 275	498 389	532
1.289	9.953 858 460 915	78 679 886	497 857	529
1.290	9.953 779 781 029	78 182 029	497 328	531
1.291	9.953 701 599 000	77 684 701	496 797	528
1.292	9.953 623 914 299	77 187 904	496 269	526
1.293	9.953 546 726 395	76 691 635	495 743	528
1.294	9.953 470 034 760	76 195 892	495 215	525
1.295	9.953 393 838 868	75 700 677	494 690	523
1.296	9.953 318 138 191	75 205 987	494 167	525
1.297	9.953 242 932 204	74 711 820	493 642	520
1.298	9.953 168 220 384	74 218 178	493 122	523
1.299	9.953 094 002 206	73 725 056	492 599	518
1.300	9.953 020 277 150	73 232 457	492 081	519

a	Log. ra.	Diff. I.	II.	III.
1.300	9.953 020 277 150	73 232 457	492 081	519
1.301	9.952 947 044 693	72 740 376	491 562	519
1.302	9.952 874 304 317	72 248 814	491 043	518
1.303	9.952 802 055 503	71 757 771	490 525	515
1.304	9.952 730 297 732	71 267 246	490 012	517
1.305	9.952 659 030 486	70 777 234	489 495	512
1.306	9.952 588 253 252	70 287 739	488 983	514
1.307	9.952 517 965 513	69 798 756	488 469	511
1.308	9.952 448 166 757	69 310 287	487 958	512
1.309	9.952 378 856 470	68 822 329	487 446	509
1.310	9.952 310 034 141	68 334 883	486 937	508
1.311	9.952 241 699 258	67 847 946	486 429	509
1.312	9.952 173 851 312	67 361 517	485 920	506
1.313	9.952 106 489 795	66 875 597	485 414	504
1.314	9.952 039 614 198	66 390 183	484 910	505
1.315	9.951 973 224 015	65 905 273	484 405	506
1.316	9.951 907 318 742	65 420 868	483 899	502
1.317	9.951 841 897 874	64 936 969	483 397	503
1.318	9.951 776 960 905	64 453 572	482 894	499
1.319	9.951 712 507 333	63 970 678	482 395	498
1.320	9.951 648 536 655	63 488 283	481 897	501
1.321	9.951 585 048 372	63 006 386	481 396	497
1.322	9.951 522 041 986	62 524 990	480 899	497
1.323	9.951 459 516 996	62 044 091	480 402	495
1.324	9.951 397 472 905	61 563 689	479 907	497
1.325	9.951 335 909 216	61 083 782	479 410	493
1.326	9.951 274 825 434	60 604 372	478 917	492
1.327	9.951 214 221 062	60 125 455	478 425	491
1.328	9.951 154 095 607	59 647 030	477 934	494
1.329	9.951 094 448 577	59 169 096	477 440	489
1.330	9.951 035 279 481	58 691 656	476 951	487
1.331	9.950 976 587 825	58 214 705	476 464	490
1.332	9.950 918 373 120	57 738 241	475 974	488
1.333	9.950 860 634 879	57 262 267	475 486	483
1.334	9.950 803 372 612	56 786 781	475 003	488
1.335	9.950 746 585 831	56 311 778	474 515	484
1.336	9.950 690 274 053	55 837 263	474 031	484
1.337	9.950 634 436 799	55 363 232	473 547	483
1.338	9.950 579 073 558	54 889 685	473 066	480
1.339	9.950 524 183 873	54 416 619	472 586	484
1.340	9.950 469 767 254	53 944 033	472 102	480
1.341	9.950 415 823 221	53 471 931	471 622	476
1.342	9.950 362 351 290	53 000 309	471 146	478
1.343	9.950 309 350 981	52 529 163	470 668	479
1.344	9.950 256 821 818	52 058 495	470 189	475
1.345	9.950 204 763 323	51 588 306	469 714	474
1.346	9.950 153 175 017	51 118 592	469 240	475
1.347	9.950 102 056 425	50 649 352	468 765	473
1.348	9.950 051 407 073	50 180 587	468 292	474
1.349	9.950 001 226 486	49 712 295	467 818	469
1.350	9.949 951 514 191	49 244 477	467 349	472

a	Log. ra.	Diff. I.	II.	III.
1.350	9.949 951 514 191	49 244 477	467 349	472
1.351	9.949 902 269 714	48 777 128	466 877	470
1.352	9.949 853 492 586	48 310 251	466 407	466
1.353	9.949 805 182 335	47 843 844	465 941	470
1.354	9.949 757 338 491	47 377 903	465 471	468
1.355	9.949 709 960 588	46 912 432	465 003	464
1.356	9.949 663 048 156	46 447 429	464 539	466
1.357	9.949 616 600 727	45 982 890	464 073	465
1.358	9.949 570 617 837	45 518 817	463 608	464
1.359	9.949 525 099 020	45 055 209	463 144	460
1.360	9.949 480 043 811	44 592 065	462 684	462
1.361	9.949 435 451 746	44 129 381	462 222	462
1.362	9.949 391 322 365	43 667 159	461 760	459
1.363	9.949 347 655 206	43 205 399	461 301	459
1.364	9.949 304 449 807	42 744 098	460 842	458
1.365	9.949 261 705 709	42 283 256	460 384	459
1.366	9.949 219 422 453	41 822 872	459 925	456
1.367	9.949 177 599 581	41 362 947	459 469	455
1.368	9.949 136 236 634	40 903 478	459 014	454
1.369	9.949 095 333 156	40 444 464	458 560	454
1.370	9.949 054 888 692	39 985 904	458 106	454
1.371	9.949 014 902 788	39 527 798	457 652	452
1.372	9.948 975 374 990	39 070 146	457 200	450
1.373	9.948 936 304 844	38 612 946	456 750	451
1.374	9.948 897 691 898	38 156 196	456 299	450
1.375	9.948 859 535 702	37 699 897	455 849	449
1.376	9.948 821 835 805	37 244 048	455 400	447
1.377	9.948 784 591 757	36 788 648	454 953	449
1.378	9.948 747 803 109	36 333 695	454 504	444
1.379	9.948 711 469 414	35 879 191	454 060	445
1.380	9.948 675 590 223	35 425 131	453 615	447
1.381	9.948 640 165 092	34 971 516	453 168	443
1.382	9.948 605 193 576	34 518 348	452 725	442
1.383	9.948 570 675 228	34 065 623	452 283	442
1.384	9.948 536 609 605	33 613 340	451 841	442
1.385	9.948 502 996 265	33 161 499	451 399	440
1.386	9.948 469 834 766	32 710 100	450 959	439
1.387	9.948 437 124 666	32 259 141	450 520	440
1.388	9.948 404 865 525	31 808 621	450 080	438
1.389	9.948 373 056 904	31 358 541	449 642	437
1.390	9.948 341 698 363	30 908 899	449 205	436
1.391	9.948 310 789 464	30 459 694	448 769	436
1.392	9.948 280 329 770	30 010 925	448 333	435
1.393	9.948 250 318 845	29 562 592	447 898	432
1.394	9.948 220 756 253	29 114 694	447 466	435
1.395	9.948 191 641 559	28 667 228	447 031	432
1.396	9.948 162 974 331	28 220 197	446 599	432
1.397	9.948 134 754 134	27 773 598	446 167	430
1.398	9.948 106 980 536	27 327 431	445 737	431
1.399	9.948 079 653 105	26 881 694	445 306	428
1.400	9.948 052 771 411	26 436 388	444 878	429

a	Log. ra	Diff. I.	II.	III.	a	Log. ra	Diff. I.	II.	III.
1.400	9.948 052 771 411	26 436 388	444 878	429	1.450	9.947 267 707 452	4 702 338	424 382	392
1.401	9.948 026 335 023	25 991 510	444 449	426	1.451	9.947 263 005 114	4 277 956	423 990	390
1.402	9.948 000 343 513	25 547 061	444 023	428	1.452	9.947 258 727 158	3 853 966	423 600	390
1.403	9.947 974 796 452	25 103 038	443 595	427	1.453	9.947 254 873 192	3 430 366	423 210	390
1.404	9.947 949 693 414	24 659 443	443 168	425	1.454	9.947 251 442 826	3 007 156	422 820	388
1.405	9.947 925 033 971	24 216 275	442 743	424	1.455	9.947 248 435 670	2 584 336	422 432	388
1.406	9.947 900 817 696	23 773 532	442 319	423	1.456	9.947 245 851 334	2 161 904	422 044	389
1.407	9.947 877 044 164	23 331 213	441 896	424	1.457	9.947 243 689 430	1 739 860	421 655	385
1.408	9.947 853 712 951	22 889 317	441 472	423	1.458	9.947 241 949 570	1 318 205	421 270	387
1.409	9.947 830 823 634	22 447 845	441 049	419	1.459	9.947 240 631 365	896 935	420 883	385
1.410	9.947 808 375 789	22 006 796	440 630	421	1.460	9.947 239 734 430	476 052	420 498	385
1.411	9.947 786 368 993	21 566 166	440 209	422	1.461	9.947 239 258 378	55 554	420 113	383
1.412	9.947 764 802 827	21 125 957	439 787	418	1.462	9.947 239 202 824	364 559	419 730	384
1.413	9.947 743 676 870	20 686 170	439 369	417	1.463	9.947 239 567 383	784 289	419 346	383
1.414	9.947 722 990 700	20 246 801	438 952	418	1.464	9.947 240 351 672	1 203 635	418 963	382
1.415	9.947 702 743 899	19 807 849	438 534	418	1.465	9.947 241 555 307	1 622 598	418 581	380
1.416	9.947 682 936 050	19 369 315	438 116	416	1.466	9.947 243 177 905	2 041 179	418 201	381
1.417	9.947 663 566 735	18 931 199	437 700	415	1.467	9.947 245 219 084	2 459 380	417 820	382
1.418	9.947 644 635 536	18 493 499	437 285	414	1.468	9.947 247 678 464	2 877 200	417 438	378
1.419	9.947 626 142 037	18 056 214	436 871	414	1.469	9.947 250 555 664	3 294 638	417 060	378
1.420	9.947 608 085 823	17 619 343	436 457	414	1.470	9.947 253 850 302	3 714 698	416 682	378
1.421	9.947 590 466 480	17 182 886	436 043	410	1.471	9.947 257 562 000	4 128 380	416 304	378
1.422	9.947 573 283 594	16 746 843	435 633	414	1.472	9.947 261 690 380	4 544 684	415 926	378
1.423	9.947 556 536 751	16 311 210	435 219	410	1.473	9.947 266 235 064	4 960 610	415 548	374
1.424	9.947 540 225 541	15 875 991	434 809	409	1.474	9.947 271 195 674	5 376 158	415 174	376
1.425	9.947 524 349 550	15 441 182	434 400	411	1.475	9.947 276 571 832	5 791 332	414 798	375
1.426	9.947 508 908 368	15 006 782	433 989	408	1.476	9.947 282 363 164	6 206 130	414 423	374
1.427	9.947 493 901 586	14 572 793	433 581	408	1.477	9.947 288 569 294	6 620 553	414 049	374
1.428	9.947 479 328 793	14 139 212	433 173	406	1.478	9.947 295 189 847	7 034 602	413 675	372
1.429	9.947 465 189 581	13 706 039	432 767	407	1.479	9.947 302 224 449	7 448 277	413 303	371
1.430	9.947 451 483 542	13 273 272	432 360	407	1.480	9.947 309 672 726	7 861 580	412 932	374
1.431	9.947 438 210 270	12 840 912	431 953	404	1.481	9.947 317 534 306	8 274 512	412 558	370
1.432	9.947 425 369 358	12 408 959	431 549	404	1.482	9.947 325 808 818	8 687 070	412 188	370
1.433	9.947 412 960 399	11 977 410	431 145	403	1.483	9.947 334 495 888	9 099 258	411 818	370
1.434	9.947 400 982 989	11 546 265	430 742	404	1.484	9.947 343 595 146	9 511 076	411 448	368
1.435	9.947 389 436 724	11 115 523	430 338	402	1.485	9.947 353 106 222	9 922 524	411 080	368
1.436	9.947 378 321 201	10 685 185	429 936	401	1.486	9.947 363 028 746	10 333 604	410 712	370
1.437	9.947 367 636 016	10 255 249	429 535	400	1.487	9.947 373 362 350	10 744 316	410 342	366
1.438	9.947 357 380 767	9 825 714	429 135	400	1.488	9.947 384 106 666	11 154 658	409 976	366
1.439	9.947 347 555 053	9 396 579	428 735	399	1.489	9.947 395 261 324	11 564 634	409 610	366
1.440	9.947 338 158 474	8 967 844	428 336	400	1.490	9.947 406 825 958	11 974 244	409 244	365
1.441	9.947 329 190 630	8 539 508	427 936	398	1.491	9.947 418 800 202	12 383 488	408 879	365
1.442	9.947 320 651 122	8 111 572	427 538	395	1.492	9.947 431 183 690	12 792 367	408 514	364
1.443	9.947 312 539 550	7 684 034	427 143	398	1.493	9.947 443 976 057	13 200 881	408 150	363
1.444	9.947 304 855 516	7 256 891	426 745	394	1.494	9.947 457 176 938	13 609 031	407 787	363
1.445	9.947 297 598 625	6 830 146	426 351	397	1.495	9.947 470 785 969	14 016 818	407 424	361
1.446	9.947 290 768 479	6 403 795	425 954	392	1.496	9.947 484 802 787	14 424 242	407 063	364
1.447	9.947 284 364 684	5 977 841	425 562	395	1.497	9.947 499 227 029	14 831 305	406 699	358
1.448	9.947 278 386 843	5 552 279	425 167	393	1.498	9.947 514 058 334	15 238 004	406 341	362
1.449	9.947 272 834 564	5 127 112	424 774	392	1.499	9.947 529 296 338	15 644 345	405 979	359
1.450	9.947 267 707 452	4 702 338	424 382	392	1.500	9.947 544 940 683	16 050 324	405 620	359

a	Log. Γa.	Diff. I.	II.	III.
1.500	9.947 544 940 683	16 050 324	405 620	359
1.501	9.947 560 991 007	16 455 944	405 261	359
1.502	9.947 577 446 951	16 861 205	404 902	357
1.503	9.947 594 308 156	17 266 107	404 545	358
1.504	9.947 611 574 263	17 670 652	404 187	356
1.505	9.947 629 244 915	18 074 839	403 831	356
1.506	9.947 647 319 754	18 478 670	403 475	356
1.507	9.947 665 798 424	18 882 145	403 119	354
1.508	9.947 684 680 569	19 285 264	402 765	355
1.509	9.947 703 965 833	19 688 029	402 410	353
1.510	9.947 723 653 862	20 090 439	402 057	353
1.511	9.947 743 744 301	20 492 496	401 704	352
1.512	9.947 764 236 797	20 894 200	401 352	354
1.513	9.947 785 130 997	21 295 552	400 998	349
1.514	9.947 806 426 549	21 696 550	400 649	351
1.515	9.947 828 123 099	22 097 199	400 298	350
1.516	9.947 850 220 298	22 497 497	399 948	350
1.517	9.947 872 717 795	22 897 445	399 598	349
1.518	9.947 895 615 240	23 297 043	399 249	348
1.519	9.947 918 912 283	23 696 292	398 901	347
1.520	9.947 942 608 575	24 095 193	398 554	348
1.521	9.947 966 703 768	24 493 747	398 206	347
1.522	9.947 991 197 515	24 891 953	397 859	345
1.523	9.948 016 089 468	25 289 812	397 514	346
1.524	9.948 041 379 280	25 687 326	397 168	344
1.525	9.948 067 066 606	26 084 494	396 824	344
1.526	9.948 093 151 100	26 481 318	396 480	344
1.527	9.948 119 632 418	26 877 798	396 136	345
1.528	9.948 146 510 216	27 273 934	395 791	341
1.529	9.948 173 784 150	27 669 725	395 450	341
1.530	9.948 201 453 875	28 065 175	395 109	342
1.531	9.948 229 519 050	28 460 284	394 767	342
1.532	9.948 257 979 334	28 855 051	394 425	340
1.533	9.948 286 834 385	29 249 476	394 085	339
1.534	9.948 316 083 861	29 643 561	393 746	339
1.535	9.948 345 727 422	30 037 307	393 407	339
1.536	9.948 375 764 729	30 430 714	393 068	338
1.537	9.948 406 195 443	30 823 782	392 730	337
1.538	9.948 437 019 225	31 216 512	392 393	337
1.539	9.948 468 235 737	31 608 905	392 056	336
1.540	9.948 499 844 642	32 000 961	391 720	337
1.541	9.948 531 845 603	32 392 681	391 383	334
1.542	9.948 564 238 284	32 784 064	391 049	336
1.543	9.948 597 022 348	33 175 113	390 713	334
1.544	9.948 630 197 461	33 565 826	390 379	332
1.545	9.948 663 763 287	33 956 205	390 047	335
1.546	9.948 697 719 492	34 346 252	389 712	331
1.547	9.948 732 065 744	34 735 964	389 381	332
1.548	9.948 766 801 708	35 125 345	389 049	332
1.549	9.948 801 927 053	35 514 394	388 717	331
1.550	9.948 837 441 447	35 903 111	388 386	331

a	Log. Γa.	Diff. I.	II.	III.
1.550	9.948 837 441 447	35 903 111	388 386	331
1.551	9.948 873 344 558	36 291 497	388 055	327
1.552	9.948 909 636 055	36 679 552	387 728	332
1.553	9.948 946 315 607	37 067 280	387 396	328
1.554	9.948 983 382 887	37 454 676	387 068	329
1.555	9.949 020 837 563	37 841 744	386 739	325
1.556	9.949 058 679 307	38 228 483	386 414	329
1.557	9.949 096 907 790	38 614 897	386 085	326
1.558	9.949 135 522 687	39 000 982	385 759	327
1.559	9.949 174 523 669	39 386 741	385 432	324
1.560	9.949 213 910 410	39 772 173	385 108	327
1.561	9.949 253 682 583	40 157 281	384 781	323
1.562	9.949 293 839 864	40 542 062	384 458	323
1.563	9.949 334 381 926	40 926 520	384 135	326
1.564	9.949 375 308 446	41 310 655	383 809	321
1.565	9.949 416 619 101	41 694 464	383 488	323
1.566	9.949 458 313 565	42 077 952	383 165	321
1.567	9.949 500 391 517	42 461 117	382 844	322
1.568	9.949 542 852 634	42 843 961	382 522	322
1.569	9.949 585 696 595	43 226 483	382 200	319
1.570	9.949 628 923 078	43 608 683	381 881	319
1.571	9.949 672 531 761	43 990 564	381 562	320
1.572	9.949 716 522 325	44 372 126	381 242	320
1.573	9.949 760 894 451	44 753 368	380 922	317
1.574	5.949 805 647 819	45 134 290	380 605	317
1.575	9.949 850 782 109	45 514 895	380 288	318
1.576	9.949 896 297 004	45 895 183	379 970	317
1.577	9.949 942 192 187	46 275 153	379 653	316
1.578	9.949 988 467 340	46 654 806	379 337	315
1.579	9.950 035 122 146	47 034 143	379 022	317
1.580	9.950 082 156 289	47 413 165	378 705	315
1.581	9.950 129 569 454	47 791 870	378 392	314
1.582	9.950 177 361 324	48 170 262	378 078	314
1.583	9.950 225 531 586	48 548 340	377 764	315
1.584	9.950 274 079 926	48 926 104	377 449	311
1.585	9.950 323 006 030	49 303 553	377 138	311
1.586	9.950 372 309 583	49 680 691	376 827	313
1.587	9.950 421 990 274	50 057 518	376 514	312
1.588	9.950 472 047 792	50 434 032	376 202	310
1.589	9.950 522 481 824	50 810 234	375 892	309
1.590	9.950 573 292 058	51 186 126	375 583	311
1.591	9.950 624 478 184	51 561 709	375 272	310
1.592	9.950 676 039 893	51 936 981	374 962	307
1.593	9.950 727 976 874	52 311 943	374 655	308
1.594	9.950 780 288 817	52 686 598	374 347	309
1.595	9.950 832 975 415	53 060 945	374 038	308
1.596	9.950 886 036 360	53 434 983	373 730	305
1.597	9.950 939 471 343	53 808 713	373 425	307
1.598	9.950 993 280 056	54 182 138	373 118	306
1.599	9.951 047 462 194	54 555 256	372 812	305
1.600	9.951 102 017 450	54 928 068	372 507	305

a	Log. Ta.	Diff. I.	II.	III.
1.600	9.951 102 017 450	54 928 068	372 507	305
1.601	9.951 156 945 518	55 300 575	372 202	303
1.602	9.951 212 246 093	55 672 777	371 899	305
1.603	9.951 267 918 870	56 044 676	371 594	304
1.604	9.951 323 963 546	56 416 270	371 290	303
1.605	9.951 380 379 816	56 787 560	370 987	302
1.606	9.951 437 167 376	57 158 547	370 685	302
1.607	9.951 494 325 923	57 529 232	370 383	301
1.608	9.951 551 855 155	57 899 615	370 082	301
1.609	9.951 609 754 770	58 269 697	369 781	300
1.610	9.951 668 024 467	58 639 478	369 481	302
1.611	9.951 726 663 945	59 008 959	369 179	299
1.612	9.951 785 672 904	59 378 138	368 880	298
1.613	9.951 845 051 042	59 747 018	368 582	301
1.614	9.951 904 798 060	60 115 600	368 281	296
1.615	9.951 964 913 660	60 483 881	367 985	298
1.616	9.952 025 397 541	60 851 866	367 687	297
1.617	9.952 086 249 407	61 219 553	367 390	298
1.618	9.952 147 468 960	61 586 943	367 092	297
1.619	9.952 209 055 903	61 954 035	366 795	294
1.620	9.952 271 009 938	62 320 830	366 501	296
1.621	9.952 333 330 768	62 687 331	366 205	295
1.622	9.952 396 018 099	63 053 536	365 910	294
1.623	9.952 459 071 635	63 419 446	365 616	296
1.624	9.952 522 491 081	63 785 062	365 320	293
1.625	9.952 586 276 143	64 150 382	365 027	291
1.626	9.952 650 426 525	64 515 409	364 736	294
1.627	9.952 714 941 934	64 880 145	364 442	295
1.628	9.952 779 822 079	65 244 587	364 149	292
1.629	9.952 845 066 666	65 608 736	363 857	290
1.630	9.952 910 675 402	65 972 593	363 567	291
1.631	9.952 976 647 995	66 336 160	363 276	291
1.632	9.953 042 984 155	66 699 436	362 985	290
1.633	9.953 109 683 591	67 062 421	362 695	289
1.634	9.953 176 746 012	67 425 116	362 406	291
1.635	9.953 244 171 128	67 787 522	362 115	286
1.636	9.953 311 958 650	68 149 637	361 829	291
1.637	9.953 380 108 287	68 511 466	361 538	287
1.638	9.953 448 619 753	68 873 004	361 251	285
1.639	9.953 517 492 757	69 234 255	360 966	288
1.640	9.953 586 727 012	69 595 221	360 678	287
1.641	9.953 656 322 233	69 955 899	360 391	286
1.642	9.953 726 278 132	70 316 290	360 105	286
1.643	9.953 796 594 422	70 676 395	359 819	285
1.644	9.953 867 270 817	71 036 214	359 534	284
1.645	9.953 938 307 031	71 395 748	359 250	285
1.646	9.954 009 702 779	71 754 998	358 965	283
1.647	9.954 081 457 777	72 113 963	358 682	284
1.648	9.954 153 571 740	72 472 645	358 398	283
1.649	9.954 226 044 385	72 831 043	358 115	282
1.650	9.954 298 875 428	73 189 158	357 833	283

a	Log. Ta.	Diff. I.	II.	III.
1.650	9.954 298 875 428	73 189 158	357 833	285
1.651	9.954 372 064 586	73 546 991	357 550	282
1.652	9.954 445 611 577	73 904 541	357 268	279
1.653	9.954 519 516 118	74 261 809	356 989	282
1.654	9.954 593 777 927	74 618 798	356 707	283
1.655	9.954 668 396 725	74 975 505	356 424	277
1.656	9.954 743 372 230	75 331 929	356 147	278
1.657	9.954 818 704 159	75 688 076	355 869	282
1.658	9.954 894 392 235	76 043 945	355 587	279
1.659	9.954 970 436 180	76 399 532	355 308	277
1.660	9.955 046 835 712	76 754 840	355 031	279
1.661	9.955 123 590 552	77 109 871	354 752	276
1.662	9.955 200 700 423	77 464 623	354 476	277
1.663	9.955 278 165 046	77 819 099	354 199	278
1.664	9.955 355 984 045	78 173 298	353 921	276
1.665	9.955 434 157 443	78 527 219	353 646	276
1.666	9.955 512 684 662	78 880 865	353 370	277
1.667	9.955 591 565 527	79 234 235	353 093	275
1.668	9.955 670 799 762	79 587 328	352 820	275
1.669	9.955 750 387 090	79 940 148	352 545	274
1.670	9.955 830 327 238	80 292 693	352 271	274
1.671	9.955 910 619 931	80 644 964	351 997	273
1.672	9.955 991 264 895	80 996 961	351 724	273
1.673	9.956 072 261 856	81 348 685	351 451	273
1.674	9.956 153 610 541	81 700 136	351 178	271
1.675	9.956 235 310 677	82 051 314	350 907	273
1.676	9.956 317 361 991	82 402 221	350 654	270
1.677	9.956 399 764 212	82 752 855	350 364	273
1.678	9.956 482 517 067	83 103 219	350 091	269
1.679	9.956 565 620 286	83 453 310	349 822	269
1.680	9.956 649 073 596	83 803 132	349 553	269
1.681	9.956 732 876 728	84 152 685	349 284	271
1.682	9.956 817 029 413	84 501 969	349 013	269
1.683	9.956 901 531 382	84 850 982	348 744	269
1.684	9.956 986 382 364	85 199 726	348 475	268
1.685	9.957 071 582 090	85 548 201	348 207	266
1.686	9.957 157 130 291	85 896 408	347 941	268
1.687	9.957 243 026 699	86 244 349	347 673	267
1.688	9.957 329 271 048	86 592 022	347 406	265
1.689	9.957 415 863 070	86 939 428	347 141	268
1.690	9.957 502 802 498	87 286 569	346 873	266
1.691	9.957 590 089 067	87 633 442	346 607	265
1.692	9.957 677 722 509	87 980 049	346 342	264
1.693	9.957 765 702 558	88 326 392	346 078	266
1.694	9.957 854 028 950	88 672 470	345 812	261
1.695	9.957 942 701 420	89 018 282	345 551	265
1.696	9.958 031 719 702	89 363 833	345 286	265
1.697	9.958 121 083 535	89 709 119	345 021	263
1.698	9.958 210 792 654	90 054 140	344 758	260
1.699	9.958 300 846 794	90 398 898	344 498	264
1.700	9.958 391 245 692	90 743 396	344 234	261

a	Log. Γa.	Diff. I.	II.	III.
1.700	9.958 391 245 692	90 743 396	344 234	261
1.701	9.958 481 989 088	91 087 630	343 973	260
1.702	9.958 573 076 718	91 431 603	343 712	262
1.703	9.958 664 508 321	91 775 315	343 450	260
1.704	9.958 756 283 636	92 118 765	343 190	261
1.705	9.958 848 402 401	92 461 955	342 929	260
1.706	9.958 940 864 356	92 804 884	342 669	258
1.707	9.959 033 669 240	93 147 553	342 411	260
1.708	9.959 126 816 793	93 489 964	342 151	259
1.709	9.959 220 306 757	93 832 115	341 892	257
1.710	9.959 314 138 872	94 174 007	341 635	261
1.711	9.959 408 312 879	94 515 642	341 374	256
1.712	9.959 502 828 521	94 857 016	341 118	254
1.713	9.959 597 685 537	95 198 134	340 864	260
1.714	9.959 692 883 671	95 538 998	340 604	257
1.715	9.959 788 422 669	95 879 602	340 347	255
1.716	9.959 884 302 271	96 219 949	340 092	256
1.717	9.959 980 522 220	96 560 041	339 836	255
1.718	9.960 077 082 261	96 899 877	339 581	255
1.719	9.960 173 982 138	97 239 458	339 326	256
1.720	9.960 271 221 596	97 578 784	339 070	252
1.721	9.960 368 800 380	97 917 854	338 818	256
1.722	9.960 466 718 234	98 256 672	338 562	251
1.723	9.960 564 974 906	98 595 234	338 311	254
1.724	9.960 663 570 140	98 933 545	338 057	255
1.725	9.960 762 503 685	99 271 602	337 802	250
1.726	9.960 861 775 287	99 609 404	337 552	252
1.727	9.960 961 384 691	99 946 956	337 300	253
1.728	9.961 061 331 647	100 284 256	337 047	251
1.729	9.961 161 615 903	100 621 303	336 796	251
1.730	9.961 262 237 206	100 958 099	336 545	250
1.731	9.961 363 195 305	101 294 644	336 295	250
1.732	9.961 464 489 949	101 630 939	336 045	251
1.733	9.961 566 120 888	101 966 984	335 794	248
1.734	9.961 668 087 872	102 302 778	335 546	250
1.735	9.961 770 390 650	102 638 324	335 296	250
1.736	9.961 873 028 974	102 973 620	335 046	247
1.737	9.961 976 002 594	103 308 666	334 799	248
1.738	9.962 079 311 260	103 643 465	334 551	247
1.739	9.962 182 954 725	103 978 016	334 304	248
1.740	9.962 286 932 741	104 312 320	334 056	249
1.741	9.962 391 245 061	104 646 376	333 807	244
1.742	9.962 495 891 437	104 980 183	333 563	245
1.743	9.962 600 871 620	105 313 746	333 318	250
1.744	9.962 706 185 366	105 647 064	333 068	246
1.745	9.962 811 832 430	105 980 132	332 822	243
1.746	9.962 917 812 562	106 312 954	332 579	244
1.747	9.963 024 125 516	106 645 533	332 335	246
1.748	9.963 130 771 049	106 977 868	332 089	243
1.749	9.963 237 748 917	107 309 957	331 846	244
1.750	9.963 345 058 874	107 641 803	331 602	245
1.750	9.963 345 058 874	107 641 803	331 602	245
1.751	9.963 452 700 677	107 973 405	331 357	242
1.752	9.963 560 674 082	108 304 762	331 115	243
1.753	9.963 668 978 844	108 635 877	330 872	243
1.754	9.963 777 614 721	108 966 749	330 629	241
1.755	9.963 886 581 470	109 297 378	330 388	243
1.756	9.963 995 878 848	109 627 766	330 145	241
1.757	9.964 105 506 614	109 957 911	329 904	241
1.758	9.964 215 464 525	110 287 815	329 663	240
1.759	9.964 325 752 340	110 617 478	329 423	241
1.760	9.964 436 369 818	110 946 901	329 182	241
1.761	9.964 547 316 719	111 276 083	328 941	239
1.762	9.964 658 592 802	111 605 024	328 702	239
1.763	9.964 770 197 826	111 933 726	328 463	240
1.764	9.964 882 131 552	112 262 189	328 223	238
1.765	9.964 994 393 741	112 590 412	327 985	238
1.766	9.965 106 984 153	112 918 397	327 747	239
1.767	9.965 219 902 550	113 246 144	327 508	237
1.768	9.965 333 148 694	113 573 652	327 271	238
1.769	9.965 446 722 346	113 900 923	327 033	237
1.770	9.965 560 623 269	114 227 956	326 796	237
1.771	9.965 674 851 225	114 554 752	326 559	235
1.772	9.965 789 405 977	114 881 311	326 324	237
1.773	9.965 904 287 288	115 207 635	326 087	236
1.774	9.966 019 494 923	115 533 722	325 851	234
1.775	9.966 135 028 645	115 859 573	325 617	237
1.776	9.966 250 888 218	116 185 190	325 380	234
1.777	9.966 367 073 408	116 510 570	325 146	234
1.778	9.966 483 583 978	116 835 716	324 912	234
1.779	9.966 600 419 694	117 160 628	324 678	235
1.780	9.966 717 580 322	117 485 306	324 443	232
1.781	9.966 835 065 628	117 809 749	324 211	233
1.782	9.966 952 875 377	118 133 960	323 978	234
1.783	9.967 071 009 337	118 457 938	323 744	232
1.784	9.967 189 467 275	118 781 682	323 512	231
1.785	9.967 308 248 957	119 105 194	323 281	234
1.786	9.967 427 354 151	119 428 475	323 047	230
1.787	9.967 546 782 626	119 751 522	322 817	231
1.788	9.967 666 534 148	120 074 339	322 586	231
1.789	9.967 786 608 487	120 396 925	322 355	231
1.790	9.967 907 005 412	120 719 280	322 124	230
1.791	9.968 027 724 692	121 041 404	321 894	230
1.792	9.968 148 766 096	121 363 298	321 664	230
1.793	9.968 270 129 394	121 684 962	321 434	228
1.794	9.968 391 814 356	122 006 396	321 206	230
1.795	9.968 513 820 752	122 327 602	320 976	228
1.796	9.968 636 148 354	122 648 578	320 748	228
1.797	9.968 758 796 932	122 969 326	320 520	229
1.798	9.968 881 766 258	123 289 846	320 291	227
1.799	9.969 005 056 104	123 610 137	320 064	228
1.800	9.969 128 666 241	123 930 201	319 836	226

a	Log. Γa.	Diff. I.	II.	III.	a	Log. Γa.	Diff. I.	II.	III.
1.800	9.969 128 666 241	123 930 201	319 836	226	1.850	9.975 712 596 599	139 649 881	308 856	214
1.801	9.969 252 596 442	124 250 037	319 610	228	1.851	9.975 852 246 480	139 958 737	308 642	210
1.802	9.969 376 846 479	124 569 647	319 382	225	1.852	9.975 992 205 217	140 267 379	308 432	212
1.803	9.969 501 416 126	124 889 029	319 157	227	1.853	9.976 132 472 596	140 575 811	308 220	212
1.804	9.969 626 305 155	125 208 186	318 930	225	1.854	9.976 273 048 407	140 884 031	308 008	211
1.805	9.969 751 513 341	125 527 116	318 705	227	1.855	9.976 413 932 438	141 192 039	307 797	211
1.806	9.969 877 040 457	125 845 821	318 478	225	1.856	9.976 555 124 477	141 499 836	307 586	209
1.807	9.970 002 886 278	126 164 299	318 253	223	1.857	9.976 696 624 313	141 807 422	307 377	211
1.808	9.970 129 050 577	126 482 552	318 030	226	1.858	9.976 838 431 735	142 114 799	307 166	211
1.809	9.970 255 533 129	126 800 582	317 804	224	1.859	9.976 980 546 534	142 421 965	306 955	208
1.810	9.970 382 333 711	127 118 386	317 580	224	1.860	9.977 122 968 499	142 728 920	306 747	210
1.811	9.970 509 452 097	127 435 966	317 356	223	1.861	9.977 265 697 419	143 035 667	306 537	209
1.812	9.970 636 888 063	127 753 322	317 133	224	1.862	9.977 408 733 086	143 342 204	306 328	209
1.813	9.970 764 641 385	128 070 455	316 909	223	1.863	9.977 552 075 290	143 648 532	306 119	209
1.814	9.970 892 711 840	128 387 364	316 686	223	1.864	9.977 695 723 822	143 954 651	305 910	207
1.815	9.971 021 099 204	128 704 050	316 463	222	1.865	9.977 839 678 473	144 260 561	305 703	208
1.816	9.971 149 803 254	129 020 513	316 241	222	1.866	9.977 983 939 034	144 566 264	305 495	209
1.817	9.971 278 823 767	129 336 754	316 019	222	1.867	9.978 128 505 298	144 871 759	305 286	206
1.818	9.971 408 160 521	129 652 773	315 797	221	1.868	9.978 273 377 057	145 177 045	305 078	206
1.819	9.971 537 813 294	129 968 570	315 576	222	1.869	9.978 418 554 102	145 482 123	304 872	205
1.820	9.971 667 781 864	130 284 146	315 354	221	1.870	9.978 564 036 225	145 786 995	304 667	209
1.821	9.971 798 066 010	130 599 500	315 133	220	1.871	9.978 709 823 220	146 091 662	304 458	205
1.822	9.971 928 665 510	130 914 633	314 913	221	1.872	9.978 855 914 882	146 396 120	304 253	207
1.823	9.972 059 580 143	131 229 546	314 692	219	1.873	9.979 002 311 002	146 700 373	304 046	206
1.824	9.972 190 809 689	131 544 238	314 473	220	1.874	9.979 149 011 375	147 004 419	303 840	205
1.825	9.972 322 353 927	131 858 711	314 253	220	1.875	9.979 296 015 794	147 308 259	303 635	205
1.826	9.972 454 212 638	132 172 964	314 033	219	1.876	9.979 443 324 053	147 611 894	303 430	206
1.827	9.972 586 385 602	132 486 997	313 814	219	1.877	9.979 590 935 947	147 915 324	303 224	203
1.828	9.972 718 872 599	132 800 811	313 595	217	1.878	9.979 738 851 271	148 218 548	303 021	206
1.829	9.972 851 673 410	133 114 406	313 378	220	1.879	9.979 887 069 819	148 521 569	302 815	203
1.830	9.972 984 787 816	133 427 784	313 158	217	1.880	9.980 035 591 388	148 824 384	302 612	205
1.831	9.973 118 215 600	133 740 942	312 941	218	1.881	9.980 184 415 772	149 126 996	302 407	203
1.832	9.973 251 956 542	134 053 883	312 723	218	1.882	9.980 333 542 768	149 429 403	302 204	203
1.833	9.973 386 010 425	134 366 606	312 505	216	1.883	9.980 482 972 171	149 731 607	302 001	204
1.834	9.973 520 377 031	134 679 111	312 289	216	1.884	9.980 632 703 778	150 033 608	301 797	202
1.835	9.973 655 056 142	134 991 400	312 073	219	1.885	9.980 782 737 386	150 335 405	301 595	203
1.836	9.973 790 047 542	135 303 473	311 854	214	1.886	9.980 933 072 791	150 637 000	301 392	203
1.837	9.973 925 351 015	135 615 327	311 640	217	1.887	9.981 083 709 791	150 938 392	301 189	201
1.838	9.974 060 966 342	135 926 967	311 423	215	1.888	9.981 234 648 183	151 239 581	300 988	202
1.839	9.974 196 893 309	136 238 390	311 208	216	1.889	9.981 385 887 764	151 540 569	300 786	201
1.840	9.974 333 131 699	136 549 598	310 992	214	1.890	9.981 537 428 333	151 841 355	300 585	203
1.841	9.974 469 681 297	136 860 590	310 778	215	1.891	9.981 689 269 688	152 141 940	300 382	199
1.842	9.974 606 541 887	137 171 368	310 563	215	1.892	9.981 841 411 628	152 442 322	300 183	202
1.843	9.974 743 713 255	137 481 931	310 348	214	1.893	9.981 993 853 950	152 742 505	299 981	200
1.844	9.974 881 195 186	137 792 279	310 134	214	1.894	9.982 146 596 455	153 042 486	299 781	200
1.845	9.975 018 987 465	138 102 413	309 920	213	1.895	9.982 299 638 941	153 342 267	299 581	200
1.846	9.975 157 089 878	138 412 333	309 707	213	1.896	9.982 452 981 208	153 641 848	299 381	201
1.847	9.975 295 502 211	138 722 040	309 494	214	1.897	9.982 606 623 056	153 941 229	299 180	197
1.848	9.975 434 224 251	139 031 534	309 280	213	1.898	9.982 760 564 285	154 240 409	298 983	202
1.849	9.975 573 256 785	139 340 814	309 067	211	1.899	9.982 914 804 694	154 539 392	298 781	196
1.850	9.975 712 596 599	139 649 881	308 856	214	1.900	9.983 069 344 086	154 838 173	298 585	201

a	Log. Γa	Diff. I.	II.	III.
1.900	9.983 069 344 086	154 838 173	298 585	201
1.901	9.983 224 182 259	155 136 758	298 384	197
1.902	9.983 379 319 017	155 435 142	298 187	199
1.903	9.983 534 754 159	155 733 329	297 988	197
1.904	9.983 690 487 488	156 031 317	297 791	199
1.905	9.983 846 518 805	156 329 108	297 592	196
1.906	9.984 002 847 913	156 626 700	297 396	198
1.907	9.984 159 474 613	156 924 096	297 198	195
1.908	9.984 316 398 709	157 221 294	297 003	199
1.909	9.984 473 620 003	157 518 297	296 804	196
1.910	9.984 631 138 300	157 815 101	296 608	195
1.911	9.984 788 953 401	158 111 709	296 413	197
1.912	9.984 947 065 110	158 408 122	296 216	195
1.913	9.985 105 473 232	158 704 338	296 021	195
1.914	9.985 264 177 570	159 000 359	295 826	196
1.915	9.985 423 177 929	159 296 185	295 630	194
1.916	9.985 582 474 114	159 591 815	295 436	195
1.917	9.985 742 065 929	159 887 251	295 241	194
1.918	9.985 901 953 180	160 182 492	295 047	195
1.919	9.986 062 135 672	160 477 539	294 852	193
1.920	9.986 222 613 211	160 772 391	294 659	194
1.921	9.986 383 385 602	161 067 050	294 465	193
1.922	9.986 544 452 652	161 361 515	294 272	193
1.923	9.986 705 814 167	161 655 787	294 079	194
1.924	9.986 867 469 954	161 949 866	293 885	191
1.925	9.987 029 419 820	162 243 751	293 694	194
1.926	9.987 191 663 571	162 537 445	293 500	191
1.927	9.987 354 201 016	162 830 945	293 309	192
1.928	9.987 517 031 961	163 124 254	293 117	192
1.929	9.987 680 156 215	163 417 371	292 925	192
1.930	9.987 843 573 586	163 710 296	292 733	189
1.931	9.988 007 283 882	164 003 029	292 544	194
1.932	9.988 171 286 911	164 295 573	292 356	188
1.933	9.988 335 582 484	164 587 923	292 162	191
1.934	9.988 500 170 407	164 880 085	291 971	191
1.935	9.988 665 050 492	165 172 056	291 780	190
1.936	9.988 830 222 548	165 463 836	291 590	188
1.937	9.988 995 686 384	165 755 426	291 402	192
1.938	9.989 161 441 810	166 046 828	291 210	187
1.939	9.989 327 488 638	166 338 038	291 023	191
1.940	9.989 493 826 676	166 629 061	290 832	187
1.941	9.989 660 455 737	166 919 893	290 645	189
1.942	9.989 827 375 630	167 210 538	290 456	188
1.943	9.989 994 586 168	167 500 994	290 268	189
1.944	9.990 162 087 162	167 791 262	290 079	188
1.945	9.990 329 878 424	168 081 341	289 891	186
1.946	9.990 497 959 765	168 371 232	289 705	188
1.947	9.990 666 330 997	168 660 937	289 517	187
1.948	9.990 834 991 934	168 950 454	289 330	188
1.949	9.991 003 942 388	169 239 784	289 142	185
1.950	9.991 173 182 172	169 528 926	288 957	187
1.950	9.991 173 182 172	169 528 926	288 957	187
1.951	9.991 342 711 098	169 817 883	288 770	185
1.952	9.991 512 528 981	170 106 653	288 585	187
1.953	9.991 682 635 634	170 395 238	288 398	187
1.954	9.991 853 030 872	170 683 636	288 211	185
1.955	9.992 023 714 508	170 971 847	288 026	185
1.956	9.992 194 686 355	171 259 873	287 841	184
1.957	9.992 365 946 228	171 547 714	287 657	185
1.958	9.992 537 493 942	171 835 371	287 472	184
1.959	9.992 709 329 313	172 122 843	287 288	185
1.960	9.992 881 452 156	172 410 131	287 103	184
1.961	9.993 053 862 287	172 697 234	286 919	184
1.962	9.993 226 559 521	172 984 153	286 735	183
1.963	9.993 399 543 674	173 270 888	286 552	184
1.964	9.993 572 814 562	173 557 440	286 368	183
1.965	9.993 746 372 002	173 843 808	286 185	183
1.966	9.993 920 215 810	174 129 993	286 002	183
1.967	9.994 094 345 803	174 415 995	285 819	182
1.968	9.994 268 761 798	174 701 814	285 637	182
1.969	9.994 443 463 612	174 987 451	285 455	182
1.970	9.994 618 451 063	175 272 906	285 273	182
1.971	9.994 793 723 969	175 558 179	285 091	182
1.972	9.994 969 282 148	175 843 270	284 909	180
1.973	9.995 145 125 418	176 128 179	284 729	183
1.974	9.995 321 253 597	176 412 908	284 546	179
1.975	9.995 497 666 505	176 697 454	284 367	182
1.976	9.995 674 363 959	176 981 821	284 185	181
1.977	9.995 851 345 780	177 266 006	284 004	178
1.978	9.996 028 611 786	177 550 010	283 826	181
1.979	9.996 206 161 796	177 833 836	283 645	181
1.980	9.996 383 995 632	178 117 481	283 464	177
1.981	9.996 562 113 113	178 400 945	283 287	182
1.982	9.996 740 514 058	178 684 232	283 105	177
1.983	9.996 919 198 290	178 967 337	282 928	181
1.984	9.997 098 165 627	179 250 265	282 747	176
1.985	9.997 277 415 892	179 533 012	282 571	181
1.986	9.997 456 948 904	179 815 583	282 390	176
1.987	9.997 636 764 487	180 097 973	282 214	180
1.988	9.997 816 862 460	180 380 187	282 034	176
1.989	9.997 997 242 647	180 662 221	281 858	179
1.990	9.998 177 904 868	180 944 079	281 679	177
1.991	9.998 358 848 947	181 225 758	281 502	176
1.992	9.998 540 074 705	181 507 260	281 326	179
1.993	9.998 721 581 965	181 788 586	281 147	174
1.994	9.998 903 370 551	182 069 733	280 973	179
1.995	9.999 085 440 284	182 350 706	280 794	175
1.996	9.999 267 790 990	182 631 500	280 619	176
1.997	9.999 450 422 490	182 912 119	280 443	176
1.998	9.999 633 334 609	183 192 562	280 267	176
1.999	9.999 816 527 171	183 472 829	280 091	175
2.000	0.000 000 000 000	183 752 920	279 916	175

DEUXIÈME SECTION.

§ I. *De l'intégrale* $\int \frac{z^{a-1}dz}{(1+z)^{i}}$ *et autres semblables, prises depuis* $z=0$ *jusqu'à* $z=\infty$.

(95). E_{ULER} a démontré (*Calc. int.*, *tome I*, *page* 252), qu'en supposant les nombres a et n entiers et $a < n$, l'intégrale $\int \frac{z^{a-1}dz}{1+z^{n}}$, prise entre les limites $z=0$, $z=\infty$, est égale à $\frac{\pi}{n \sin \frac{a\pi}{n}}$. Si on met z à la place de z^n et $\frac{a}{n}$ à la place de a, les limites de l'intégrale resteront les mêmes, et on aura la formule

$$(a) \qquad \int \frac{z^{a-1}dz}{1+z} = \frac{\pi}{\sin a\pi}, \qquad \text{lim.} \begin{cases} z=0 \\ z=\infty \end{cases}$$

laquelle est démontrée pour toute valeur rationnelle de a plus petite que l'unité. Mais comme deux quantités rationnelles peuvent différer entr'elles aussi peu qu'on voudra, il est évident que la formule a lieu pour une valeur quelconque de a, rationnelle ou irrationnelle, mais plus petite que l'unité.

(96). Cette formule, l'une des plus remarquables de la théorie des intégrales définies, se lie avec plusieurs autres qui ne méritent pas moins d'attention. J'observe d'abord que l'intégrale dont il s'agit est composée de deux parties, l'une prise depuis $z=0$ jusqu'à $z=1$, l'autre prise depuis $z=1$ jusqu'à $z=\infty$. Pour avoir cette seconde partie, il faut mettre $\frac{1}{z}$ à la place de z, et on aura l'intégrale $\int \frac{z^{-a}dz}{1+z}$, qui devra être prise depuis $z=0$ jusqu'à $z=1$.

13

On aura donc, en réunissant ces deux parties et mettant x à la place de z,

$$(b) \qquad \int \frac{(x^{a-1} + x^{-a})dx}{1 + x} = \frac{\pi}{\sin a\pi} \qquad \left\{ \begin{array}{l} x = 0 \\ x = 1 \end{array} \right.$$

(97). Cette dernière formule peut être démontrée directement, quel que soit a; en effet, l'intégration par séries donne, entre les limites $x = 0$, $x = 1$,

$$\int \frac{x^{a-1}dx}{1+x} = \frac{1}{a} - \frac{1}{1+a} + \frac{1}{2+a} - \frac{1}{3+a} + \text{etc.},$$

$$\int \frac{x^{-a}dx}{1+x} = \frac{1}{1-a} - \frac{1}{2-a} + \frac{1}{3-a} - \frac{1}{4-a} + \text{etc.}$$

Ajoutant ces deux suites, on aura l'intégrale cherchée

$$Z = \frac{1}{a} + \frac{2a}{1-a^2} - \frac{2a}{4-a^2} + \frac{2a}{9-a^2} - \frac{2a}{16-a^2} + \text{etc.}$$

Or suivant une formule de l'*Introd. in anal.*, art. 181, le second membre se réduit à $\frac{\pi}{\sin a\pi}$; ainsi on a généralement $Z = \frac{\pi}{\sin a\pi}$.

(98). Une troisième formule, qui se rapproche beaucoup des deux précédentes, est celle de l'art. 54, savoir :

$$(c) \qquad \int \frac{(x^{a-1} - x^{-a})dx}{1-x} = \pi \cot a\pi. \qquad \left\{ \begin{array}{l} x = 0 \\ x = 1 \end{array} \right.$$

Pour faire voir comment l'équation (b) se déduirait de celle-ci, mettons dans cette dernière x^2 à la place de x, et $\frac{a}{2}$ au lieu de a, nous aurons

$$\int \frac{(x^{a-1} - x^{1-a})dx}{1-x^2} = \frac{\pi}{2} \cot \tfrac{1}{2} a\pi.$$

Dans celle-ci mettons $1-a$ au lieu de a, il viendra

$$\int \frac{(x^{-a} - x^a)dx}{1 - x^2} = \frac{\pi}{2} \tang \tfrac{1}{2} a\pi.$$

Ajoutant ces deux formules, la somme donne exactement l'équation (b); ainsi cette équation n'est qu'un corollaire de l'équation (c).

(99). Soit $V = z^a(1+z)^{-r}$, on aura, en différentiant cette fonction

$$dV = (a-r)\,\frac{z^{a-1}dz}{(1+z)^r} + \frac{rz^{a-1}dz}{(1+z)^{r+1}}.$$

Intégrant de part et d'autre, et observant que V s'évanouit dans les deux limites $z=0$, $z=\infty$, pourvu qu'on suppose a positif et $<r$, on aura cette formule de réduction :

$$\int \frac{z^{a-1}dz}{(1+z)^{r+1}} = \frac{r-a}{r} \int \frac{z^{a-1}dz}{(1+z)^r} ;$$

d'où l'on tire successivement

$$\int \frac{z^{a-1}dz}{(1+z)^2} = \frac{1-a}{1} \cdot \int \frac{z^{a-1}dz}{1+z} = \frac{1-a}{1} \cdot \frac{\pi}{\sin a\pi},$$

$$\int \frac{z^{a-1}dz}{(1+z)^3} = \frac{2-a}{2} \cdot \int \frac{z^{a-1}dz}{(1+z)^2} = \frac{1-a\,.\,2-a}{1\,.\,2} \cdot \frac{\pi}{\sin a\pi},$$

et en général, r étant un entier quelconque,

$$\int \frac{z^{a-1}dz}{(1+z)^r} = \frac{1-a\,.\,2-a\ldots r-1-a}{1\,.\,2\ldots\ldots r-1} \cdot \frac{\pi}{\sin a\pi}.$$

Mais par la propriété des fonctions Γ, on a

$$\frac{1-a\,.\,2-a\,.\,3-a\,.\,\ldots\,r-1-a}{1\,.\,2\,.\,3\,.\,\ldots\ldots\,r-1} = \frac{\Gamma(r-a)}{\Gamma r\,\Gamma(1-a)},$$

et d'un autre côté, $\dfrac{\pi}{\sin a\pi} = \Gamma a\,\Gamma(1-a)$; la formule précédente se réduit donc à cette forme très-simple :

$$(d) \qquad \int \frac{z^{a-1}dz}{(1+z)^r} = \frac{\Gamma a\,\Gamma(r-a)}{\Gamma r}. \qquad\qquad \begin{cases} z = 0 \\ z = \infty \end{cases}$$

Par cette transformation, la formule a acquis un plus grand degré de généralité et doit avoir lieu quel que soit le nombre r; elle ne suppose même plus qu'on ait $a<1$, mais seulement qu'on a $a<r$.

(100). Il est facile de parvenir, par une autre voie, à cette formule générale. Pour cela, soit $z = \frac{1}{x} - 1$, on aura la transformée $\int x^{r-1-a} dx (1-x)^{a-1}$, laquelle devra être intégrée entre les limites $x = 0$, $x = 1$. Or cette nouvelle intégrale est une fonction Eulérienne de première espèce, qu'on peut représenter par $(r-a, a)$, et sa valeur, d'après la formule (3), est

$$(r-a, a) = \frac{\Gamma a \Gamma(r-a)}{\Gamma r},$$

ce qui s'accorde avec l'équation (d). Dans cette nouvelle démonstration, les nombres a et r sont des nombres positifs quelconques, et on suppose seulement $a < r$, ce qui donne une grande généralité à l'équation (d).

(101). Dans l'intégrale $\int \frac{z^{a-1} dz}{(1+z)^r}$, on peut distinguer deux parties, l'une prise depuis $z = 0$ jusqu'à $z = 1$, l'autre depuis $z = 1$ jusqu'à $z = \infty$. Pour avoir cette dernière on fera $z = \frac{1}{x}$, et on aura la nouvelle intégrale $\int \frac{x^{r-a-1} dx}{(1+x)^r}$, qui devra être prise depuis $x = 0$ jusqu'à $x = 1$. De là on voit que la formule (d) équivaut à la suivante, où l'intégrale est prise depuis $x = 0$ jusqu'à $x = 1$,

$$(e) \qquad \int \frac{(x^{a-1} + x^{r-a-1}) dx}{(1+x)^r} = \frac{\Gamma a \Gamma(r-a)}{\Gamma r} \qquad \begin{cases} x = 0 \\ x = 1 \end{cases}$$

(102). Si dans la formule (d) on met kz à la place de z, ce qui ne change pas les limites de l'intégrale, on aura

$$\int \frac{z^{a-1} dz}{(1+kz)^r} = k^{-a} \cdot \frac{\Gamma a \Gamma(r-a)}{\Gamma r}.$$

Soit $k = c(\cos\theta + \sqrt{-1}\sin\theta)$ et $k' = c(\cos\theta - \sqrt{-1}\sin\theta)$, on aura les deux équations

$$\int \left(\frac{z^{a-1} dz}{(1+kz)^r} + \frac{z^{a-1} dz}{(1+k'z)^r} \right) = 2c^{-a} \cos a\theta \cdot \frac{\Gamma a \Gamma(r-a)}{\Gamma r},$$

$$\int \left(\frac{z^{a-1} dz}{(1+kz)^r} - \frac{z^{a-1} dz}{(1+k'z)^r} \right) = -2c^{-a} \sin a\theta \cdot \frac{\Gamma a \Gamma(r-a)}{\Gamma r} \cdot \sqrt{-1};$$

si l'on fait $r=1$, ces équations donnent les deux suivantes :

$$\int \frac{z^{a-1}dz(1+cz\cos\theta)}{1+2cz\cos\theta+c^2z^2} = \frac{\pi c^{-a}}{\sin a\pi}.\cos a\theta,$$

$$\int \frac{z^a dz}{1+2cz\cos\theta+c^2z^2} = \frac{\pi c^{-a}}{\sin a\pi}.\frac{\sin a\theta}{\sin\theta};$$

mais j'observe que la première n'est qu'une conséquence de la seconde ; ainsi on peut s'en tenir à celle-ci, et faisant $c=1$, ce qui ne diminue pas sa généralité, on aura la formule

$$(f) \qquad \int \frac{z^a dz}{1+2z\cos\theta+z^2} = \frac{\pi}{\sin a\pi}.\frac{\sin a\theta}{\sin\theta}. \qquad \begin{cases} z=0 \\ z=\infty \end{cases}$$

Cette formule suppose $a<1$; si on change le signe de a elle donne

$$\int \frac{z^{-a}dz}{1+2z\cos\theta+z^2} = \frac{\pi}{\sin a\pi}.\frac{\sin a\theta}{\sin\theta}; \qquad \begin{cases} z=0 \\ z=\infty \end{cases}$$

ainsi l'intégrale conserve la même valeur, et c'est ce qu'on trouverait immédiatement en mettant $\frac{1}{z}$ à la place de z dans la formule (f).

(103). Considérons maintenant l'intégrale $\int \frac{(z^a+z^{-a})dz}{1+2z\cos\theta+z^2}$ comme composée de deux parties, l'une depuis $z=0$ jusqu'à $z=1$, l'autre depuis $z=1$ jusqu'à $z=\infty$: il est aisé de voir que cette seconde partie est égale à la première ; car en mettant $\frac{1}{z}$ à la place de z, l'intégrale reste la même, au signe près. On a donc cette autre formule, qui suppose $a<1$:

$$(g) \qquad \int \frac{(x^a+x^{-a})dx}{1+2x\cos\theta+x^2} = \frac{\pi}{\sin a\pi}.\frac{\sin a\theta}{\sin\theta}. \qquad \begin{cases} x=0 \\ x=1 \end{cases}$$

(104). Si l'on multiplie par $d\theta\sin\theta$ les deux membres de l'équation (f), et qu'on intègre par rapport à θ depuis $\theta=0$, on aura la formule

$$(h) \quad \int z^{a-1}dz\log\left(\frac{1+2z+z^2}{1+2z\cos\theta+z^2}\right) = \frac{2\pi}{a\sin a\pi}(1-\cos a\theta). \quad \begin{cases} z=0 \\ z=\infty \end{cases}$$

L'équation (g) donnerait semblablement

$$(i) \quad \int (x^a + x^{-a}) \frac{dx}{x} \log \left(\frac{1 + 2x + x^2}{1 + 2x \cos \theta + x^2} \right) = \frac{2\pi}{a \sin a\pi} (1 - \cos a\theta); \quad \begin{cases} x = 0 \\ x = 1 \end{cases}$$

elles supposent toutes deux $a < 1$.

(105). Dans la formule (g), substituant les valeurs,......
$x^a = 1 + alx + \frac{a^2}{2} l^2 x + \text{etc.}, \ x^{-a} = 1 - alx + \frac{a^2}{2} l^2 x - \text{etc.}$, et supposant que le développement de la quantité $\frac{\sin a\theta}{\sin a\pi}$, suivant les puissances de a, donne la suite.

$$\frac{\sin a\theta}{\sin a\pi} = \frac{\theta}{\pi} \left(1 + A' a^2 + A'' a^4 + A''' a^6 + \text{etc.} \right),$$

on aura la formule

$$\int \frac{dx \left(1 + \frac{a^2}{2} l^2 x + \frac{a^4}{2.3.4} l^4 x + \text{etc.} \right)}{1 + 2x \cos \theta + x^2} = \frac{\theta}{2 \sin \theta} \left(1 + A' a^2 + A'' a^4 + \text{etc.} \right);$$

d'où résulte cette suite d'intégrales :

$$\int \frac{dx}{1 + 2x \cos \theta + x^2} = \frac{\theta}{2 \sin \theta},$$

$$\frac{1}{2} \int \frac{dx \, l^2 x}{1 + 2x \cos \theta + x^2} = \frac{\theta}{2 \sin \theta} . A',$$

$$\frac{1}{2.3.4} \int \frac{dx \, l^4 x}{1 + 2x \cos \theta + x^2} = \frac{\theta}{2 \sin \theta} . A'',$$

$$\text{etc. ;}$$

ensorte qu'on peut trouver en général la valeur de l'intégrale $Z(2k) = \int \frac{dx \, (lx)^{2k}}{1 + 2x \cos \theta + x^2}$, prise depuis $x = 0$ jusqu'à $x = 1$. Il suffirait d'en doubler la valeur, si elle était prise depuis $x = 0$ jusqu'à $x = \infty$.

Si l'on substitue les valeurs des coefficiens A', A'', etc., on aura pour les premières valeurs de la fonction $Z(2k)$:

$$Z(0) = \frac{\theta}{2 \sin \theta},$$

$$Z(2) = \frac{\theta}{2 \sin \theta} \cdot \frac{\pi^2 - \theta^2}{3},$$

$$Z(4) = \frac{\theta}{2 \sin \theta} \cdot \frac{\pi^2 - \theta^2}{3} \cdot \frac{7\pi^2 - 3\theta^2}{5},$$

etc.

La loi de ces expressions dépend, comme on l'a vu, du développement de la fonction

$$\frac{1 - \dfrac{a^2 \theta^2}{2.3} + \dfrac{a^4 \theta^4}{2.3.4.5} - \text{etc.}}{1 - \dfrac{a^2 \pi^2}{2.3} + \dfrac{a^4 \pi^4}{2.3.4.5} - \text{etc.}} = 1 + A' a^2 + A'' a^4 + \text{etc.}$$

(106). Par les propriétés connues des suites récurrentes, on a

$$\frac{\sin \theta}{1 + 2x \cos \theta + x^2} = \sin \theta - x \sin 2\theta + x^2 \sin 3\theta - x^3 \sin 4\theta + \text{etc.}$$

Multipliant par dx et intégrant depuis $x = 0$ jusqu'à $x = 1$,
on aura

$$\sin \theta - \tfrac{1}{2} \sin 2\theta + \tfrac{1}{3} \sin 3\theta - \tfrac{1}{4} \sin 4\theta + \text{etc.} = \frac{\theta}{2}.$$

Multipliant la même équation par $dx\, l^2 x$, intégrant le second
membre par la formule $\int x^m dx\, l^2 x = \dfrac{1.2}{(m+1)^3}$, et substituant la
valeur de $Z(2)$, on aura

$$\sin \theta - \frac{\sin 2\theta}{2^3} + \frac{\sin 3\theta}{3^3} - \text{etc.} = \frac{\theta}{2} A' = \frac{\theta}{2} \cdot \frac{\pi^2 - \theta^2}{6},$$

De même en multipliant par $dx\, l^4 x$, intégrant le second membre
par la formule $\int x^m dx\, l^4 x = \dfrac{1.2.3.4}{(m+1)^5}$, et substituant la valeur de
$Z(4)$, on aura

$$\sin \theta - \frac{\sin 2\theta}{2^5} + \frac{\sin 3\theta}{3^5} - \text{etc.} = \frac{\theta}{2} A'' = \frac{\theta}{2} \cdot \frac{\pi^2 - \theta^2}{6} \cdot \frac{7\pi^2 - 3\theta^2}{10}.$$

Ainsi en général on peut sommer la suite

$$\sin \theta - \frac{\sin 2\theta}{2^{2m+1}} + \frac{\sin 3\theta}{3^{2m+1}} - \frac{\sin 4\theta}{4^{2m+1}} + \text{etc.}$$

(107). Ces équations, au reste, se déduisent assez simplement de la première que fournit l'intégration directe, savoir,

$$\sin \theta - \tfrac{1}{2} \sin 2\theta + \tfrac{1}{3} \sin 3\theta - \tfrac{1}{4} \sin 4\theta + \text{etc.} = \tfrac{1}{2} \theta.$$

En effet, multipliant celle-ci par $d\theta$, et intégrant depuis $\theta = 0$, on aura

$$1 - \cos\theta - \frac{1}{2^2}(1 - \cos 2\theta) + \frac{1}{3^2}(1 - \cos 3\theta) - \text{etc.} = \frac{1}{2} \cdot \frac{\theta^2}{2}.$$

Appelons M_2 la somme de la suite $1 - \frac{1}{2^2} + \frac{1}{3^2} - \frac{1}{4^2} + \text{etc.}$, laquelle est égale à $\left(1 - \frac{2}{2^2}\right) S_2 = \frac{1}{2} S_2 = \frac{\pi^2}{12}$, on aura

$$\cos \theta - \frac{1}{2^2} \cos 2\theta + \frac{1}{3^2} \cos 3\theta - \text{etc.} = M_2 - \frac{1}{2} \cdot \frac{\theta^2}{2}.$$

Multipliant celle-ci par $d\theta$ et intégrant depuis $\theta = 0$, il viendra

$$\sin \theta - \frac{1}{2^3} \sin 2\theta + \frac{1}{3^3} \sin 3\theta - \text{etc.} = \theta M_2 - \frac{1}{2} \cdot \frac{\theta^3}{2.3},$$

ce qui revient à la valeur trouvée dans l'article précédent.

Continuant ces opérations de la même manière, et désignant par M_n la somme de la suite $1 - \frac{1}{2^n} + \frac{1}{3^n} - \text{etc.}$, laquelle est égale à $\left(1 - \frac{2}{2^n}\right) S_n$, on aura cette suite de formules,

$$\cos \theta - \frac{1}{2^4} \cos 2\theta + \frac{1}{3^4} \cos 3\theta - \text{etc.} = M_4 - \frac{\theta^2}{2} M_2 + \frac{1}{2} \cdot \frac{\theta^4}{2.3.4},$$

$$\sin \theta - \frac{1}{2^5} \sin 2\theta + \frac{1}{3^5} \sin 3\theta - \text{etc.} = \theta M_4 - \frac{\theta^3}{2.3} M_2 + \frac{1}{2} \cdot \frac{\theta^5}{2.3.4.5},$$

$$\cos \theta - \frac{1}{2^6} \cos 2\theta + \frac{1}{3^6} \cos 3\theta - \text{etc.} = M_6 - \frac{\theta^2}{2} M_4 + \frac{\theta^4}{2.3.4} M_2 - \frac{1}{2} \cdot \frac{\theta^6}{2.3.4.5.6},$$

etc.

La

La loi de ces expressions est manifeste ; elle dépend de celle des quantités M_n, et par conséquent de celle des quantités S_n qui est bien connue.

(108). Si on différentie l'équation (f) par rapport à θ, on aura

$$(k) \qquad \int \frac{z^{a+1}dz}{(1+2z\cos\theta+z^2)^2} = \frac{\pi}{\sin a\pi} \cdot \frac{a\sin\theta\cos a\theta - \cos\theta\sin a\theta}{2\sin^3\theta}. \qquad \begin{cases} z = 0 \\ z = \infty \end{cases}$$

Par des différentiations ultérieures, on trouverait en général la valeur de l'intégrale $\int \dfrac{z^{a+k}\,dz}{(1+2z\cos\theta+z^2)^{k+1}}$, k étant un entier quelconque.

De même par la différentiation de l'équation (g), on trouve l'intégrale

$$(l) \qquad \int \frac{(x^{1+a}+x^{1-a})\,dx}{(1+2x\cos\theta+x^2)^2} = \frac{\pi}{\sin a\pi} \cdot \frac{a\sin\theta\cos a\theta - \cos\theta\sin a\theta}{2\sin^3\theta}. \qquad \begin{cases} x = 0 \\ x = 1 \end{cases}$$

On connaîtra donc ainsi, par des différentiations réitérées, l'intégrale $\int \dfrac{(x^{k+a}+x^{k-a})\,dx}{(1+2x\cos\theta+x^2)^{k+1}}$, k étant un nombre entier.

Mais ces formules ne sont point applicables au cas où l'exposant du polynome ne serait pas un nombre entier.

Ainsi lorsque r ne sera pas entier, l'intégrale $Z = \int \dfrac{z^{a+r-1}dz}{(1+2z\cos\theta+z^2)^r}$ paraît dépendre d'un ordre de transcendantes plus élevé que les fonctions Γ. Cependant si l'on a $\theta = \frac{1}{2}\pi$, on pourra mettre z^2 à la place de z, et l'intégrale précédente deviendra $Z = \int \dfrac{\frac{1}{2}z^{\frac{a+r}{2}-1}\,dz}{(1+z)^r}$; sa valeur déduite de la formule (d) sera donc $Z = \dfrac{\Gamma\dfrac{r+a}{2}\,\Gamma\dfrac{r-a}{2}}{2\Gamma r}$, de sorte qu'elle ne dépend alors que des fonctions Γ.

Si l'on observe maintenant que la quantité $(1+2z\cos\theta+z^2)^{-r}$ peut se développer en cette suite convergente,

$$(1+z^2)^{-r} - \frac{r}{1}\cdot 2z\cos\theta(1+z^2)^{-r-1} + \frac{r.r+1}{1.2}\cdot 4z^2\cos^2\theta(1+z^2)^{-r-2} - \text{etc.}$$

et qu'ainsi on a

$$\int \frac{z^{a+r-1}dz}{(1+2z\cos\theta+z^2)^r} = \int \frac{z^{a+r-1}dz}{(1+z^2)^r} - \frac{r}{1}.2\cos\theta \int \frac{z^{a+r}dz}{(1+z^2)^{r+1}}$$
$$+ \frac{r.r+1}{2}.4\cos^2\theta \int \frac{z^{a+r+1}dz}{(1+z^2)^{r+2}} - \text{etc.} ;$$

les intégrales du second membre pourront être évaluées par la formule qu'on vient de trouver pour le cas de $\theta = \frac{1}{2}\pi$; de sorte qu'en faisant pour abréger, $\Gamma\left(\frac{1}{2}r + \frac{1}{2}a\right)\Gamma\left(\frac{1}{2}r - \frac{1}{2}a\right) = \varphi(r)$, a étant constant, on aura généralement

$$\int \frac{z^{a+r-1}dz}{(1+2z\cos\theta+z^2)^r} = \frac{1}{2\Gamma r}\left[\varphi(r) - \frac{2\cos\theta}{1}\varphi(r+1) + \frac{4\cos^2\theta}{1.2}\varphi(r+2) - \text{etc.}\right],$$

formule qui pourra se réduire ultérieurement au moyen de l'équation $\varphi(x+2) = \frac{x^2-a^2}{4}.\varphi(x)$. Soit pour abréger,

$$M = 1 + \frac{\cos^2\theta}{1.2}(r^2-a^2) + \frac{\cos^4\theta}{1.2.3.4}(r^2-a^2)(\overline{r+2}^2-a^2)$$
$$+ \frac{\cos^6\theta}{1.2.3.4.5.6}(r^2-a^2)(\overline{r+2}^2-a^2)(\overline{r+4}^2-a^2) + \text{etc.},$$
$$N = \cos\theta + \frac{\cos^3\theta}{1.2.3}(\overline{r+1}^2-a^2) + \frac{\cos^5\theta}{1.2.3.4.5}(\overline{r+1}^2-a^2)(\overline{r+3}^2-a^2) + \text{etc.},$$

on aura la formule générale

$$\int \frac{z^{a+r-1}dz}{(1+2z\cos\theta+z^2)^r} = \frac{M\Gamma(\frac{1}{2}r+\frac{1}{2}a)\Gamma(\frac{1}{2}r-\frac{1}{2}a)}{2\Gamma r} - \frac{N\Gamma(\frac{1}{2}+\frac{1}{2}r+\frac{1}{2}a)\Gamma(\frac{1}{2}+\frac{1}{2}r-\frac{1}{2}a)}{\Gamma r}.$$

Quant aux suites désignées par M et N, leurs sommes sont connues lorsque $r = 1$, et même lorsque r est un entier, puisqu'alors l'intégrale est donnée par la formule (f) et par ses différentielles successives prises par rapport à θ; mais il reste à trouver ces sommes pour une valeur quelconque de r.

(109). Considérons enfin la quantité $P = z^a(1+z)^{1-r} - z^{a+1-r}$, dans laquelle nous supposerons à la fois $a < r$ et $a+1 > r$; on aura par la différentiation,

$$d\mathrm{P} = \frac{az^{a-1}dz}{(1+z)^r} + (a+1-r)\left(\frac{z^a dz}{(1+z)^r} - z^{a-r}dz\right).$$

Intégrant de part et d'autre depuis $z=0$ jusqu'à $z=\infty$, et observant que dans ces deux limites P s'évanouit, on aura

$$\int\left(z^{a-r}dz - \frac{z^a dz}{(1+z)^r}\right) = \frac{a}{a+1-r}\int\frac{z^{a-1}dz}{(1+z)^r}.$$

Substituant la valeur du second membre donnée par l'équation (d), on a la formule

$$(m) \qquad \int\left(z^{a-r}dz - \frac{z^a dz}{(1+z)^r}\right) = \frac{a}{a+1-r}\cdot\frac{\Gamma a\,\Gamma(r-a)}{\Gamma r}. \qquad \begin{cases} z=0 \\ z=\infty \end{cases}$$

(110). Cette formule s'accorde avec celles de l'article 15, deuxième partie, qui n'en sont que des cas particuliers; elle est remarquable en ce que les deux parties $\int z^{a-r}dz$, $\int\frac{z^a dz}{(1+z)^r}$ sont infinies, et que leur différence peut être déterminée par les fonctions Γ.

Soit $r = a+1-\omega$, ω étant infiniment petit, la formule précédente donne

$$\int\left(\frac{dz}{z^{1-\omega}} - \frac{z^a dz}{(1+z)^{1+a-\omega}}\right) = \frac{a}{\omega}\cdot\frac{\Gamma a\,\Gamma(1-\omega)}{\Gamma(1+a-\omega)}.$$

Mais on a $\Gamma(1+a-\omega)=\Gamma(1+a)\left(1-\omega\cdot\frac{d l\Gamma(1+a)}{da}\right)$ et $\Gamma(1-\omega)=1+\mathrm{C}\omega$; donc

$$\int\left(\frac{dz}{z^{1-\omega}} - \frac{z^a dz}{(1+z)^{1+a-\omega}}\right) = \frac{1}{\omega} + \mathrm{C} + \frac{d l\Gamma(1+a)}{da}.$$

Mettant m au lieu de a, prenant la différence des deux équations et supprimant ω, on aura l'expression suivante de la différence de deux intégrales qui sont l'une et l'autre infinies,

$$(n) \qquad \int\left(\frac{z^m dz}{(1+z)^{1+m}} - \frac{z^a dz}{(1+z)^{1+a}}\right) = \frac{d l\Gamma(1+a)}{da} - \frac{d l\Gamma(1+m)}{dm}, \qquad \begin{cases} z=0 \\ z=\infty \end{cases}$$

et on sait par l'article 5o que le second membre est aussi l'expression de l'intégrale $\int \frac{(x^m - x^a)\,dx}{1-x}$ prise entre les limites $x=0$, $x=1$; intégrale qui pourra toujours être exprimée par arcs de cercle et par logarithmes, lorsque m et a seront des nombres rationnels.

$$\S\ \text{II.}\ \textit{De l'intégrale}\ \ \mathrm{Z} = \int \frac{(1-\mathrm{x}^{a-1})(1-\mathrm{x}^m)}{1-\mathrm{x}} \cdot \frac{d\mathrm{x}}{l\frac{1}{\mathrm{x}}},\ \textit{prise}$$
$$\textit{depuis}\ \mathrm{x}=0\ \textit{jusqu'à}\ \mathrm{x}=1.$$

(111). Cette intégrale est une fonction de a et de m ; si on la différentie par rapport à a, m étant constant, on aura

$$\frac{d\mathrm{Z}}{da} = \int \frac{x^{a-1}(1-x^m)\,dx}{1-x}.$$

Mettant au lieu du second membre sa valeur donnée par l'équation (17), il viendra

$$d\mathrm{Z} = d\,l\,\Gamma(a+m) - d\,l\,\Gamma a\,;$$

d'où résulte, en intégrant et observant que Z doit s'évanouir lorsque $a=1$,

$$\mathrm{Z} = \int \frac{(1-x^{a-1})(1-x^m)}{1-x} \cdot \frac{dx}{l\frac{1}{x}} = \log.\left(\frac{\Gamma(a+m)}{\Gamma a\,\Gamma(1+m)}\right). \qquad \begin{cases} x=0 \\ x=1 \end{cases}$$

Si l'on met $a+n$ au lieu de a, on aura semblablement

$$\int \frac{(1-x^{a+n-1})(1-x^m)}{1-x} \cdot \frac{dx}{l\frac{1}{x}} = \log\left(\frac{\Gamma(a+m+n)}{\Gamma(a+n)\,\Gamma(1+m)}\right).$$

Donc en retranchant la première de la seconde, il viendra

$$(a) \qquad \int \frac{x^{a-1}dx}{l\frac{1}{x}} \cdot \frac{(1-x^m)(1-x^n)}{1-x} = \log\left(\frac{\Gamma a\,\Gamma(a+m+n)}{\Gamma(a+m)\Gamma(a+n)}\right). \qquad \begin{cases} x=0 \\ x=1 \end{cases}$$

Cette formule revient à celle qu'a donnée Euler dans le tom. I, part. II, des *Nova Acta Petrop.* 1777.

(112). En appliquant à cette formule les propriétés connues des fonctions Γ, on en déduira aisément tous les théorèmes particuliers auxquels Euler est parvenu dans le mémoire cité. Voici, par exemple, deux de ces théorèmes :

$$(b) \qquad \int \frac{dx}{x\,lx} \cdot \frac{x^{r-p} - 2x^r + x^{r+p}}{1 - x^{2r}} = \log \cos \frac{p\pi}{2r},$$

$$\int \frac{dx}{x\,Lx} \cdot \frac{x^p - 2x^r + x^{2r-p}}{1 - x^{2r}} = \log \sin \frac{p\pi}{2r},$$

où l'on peut observer que le second se déduit du premier, en mettant $r - p$ au lieu de p, et qu'ainsi il suffira de démontrer le premier.

D'abord on peut mettre x à la place de x^{2r}, ce qui ne change pas les limites de l'intégrale ; et cette substitution revient à faire $2r = 1$. On aura donc à démontrer la formule

$$\int \frac{dx}{x\,lx} \cdot \frac{x^{\frac{1}{2}-p} - 2x^{\frac{1}{2}} + x^{\frac{1}{2}+p}}{1 - x} = \log \cos p\pi.$$

Or j'observe que cette intégrale peut se mettre sous la forme $\int \frac{x^{-\frac{1}{2}-p}\,dx}{\log x} \cdot \frac{(1 - x^p)^2}{1 - x}$, et que sa valeur, d'après la formule (a), est

$$Z = -\log \frac{\Gamma\left(\frac{1}{2} - p\right)\,\Gamma\left(\frac{1}{2} + p\right)}{\Gamma\frac{1}{2} \cdot \Gamma\frac{1}{2}}.$$

Mais on a $\Gamma\frac{1}{2} = \sqrt{\pi}$, et $\Gamma\left(\frac{1}{2} - p\right)\Gamma\left(\frac{1}{2} + p\right) = \frac{\pi}{\cos p\pi}$; donc

$$Z = \log \cos p\pi.$$

Les autres théorèmes donnés par Euler se démontrent avec la même facilité ; mais le théorème suivant ne se trouve pas dans le mémoire d'Euler, parce qu'il dépend d'une formule qui a été découverte postérieurement.

(113). Puisqu'on a , en vertu de l'équation (D) ,

$$\frac{\Gamma r\, \Gamma\left(r-\frac{1}{2}\right)}{\Gamma\frac{1}{2}\,\Gamma\left(2r-1\right)} = 2^{2-2r},$$

on voit qu'il y a un cas où l'on connaît exactement le second membre de l'équation (a) ; c'est celui où l'on a $a=\frac{1}{2}$, $m=r-1$, $n=r-\frac{1}{2}$. On aura donc

$$\int \frac{x^{-\frac{1}{2}}\,dx}{l\frac{1}{x}} \cdot \frac{\left(1-x^{r-1}\right)\left(1-x^{r-\frac{1}{2}}\right)}{1-x} = \left(2r-2\right) l2 :$$

mettant, pour plus de simplicité, x^2 au lieu de x, et faisant $r= 1 +\frac{1}{2} a$, on aura la formule

$$(c) \qquad \int \frac{dx}{l\frac{1}{x}} \cdot \frac{\left(1-x^{a}\right)\left(1-x^{a+1}\right)}{1-x^2} = a \log 2. \qquad \left\{ \begin{array}{l} x=0 \\ x=1 \end{array} \right.$$

Cette formule a lieu quel que soit a, pourvu qu'il ne soit pas négatif et plus grand que l'unité. Elle se vérifiera aisément lorsque a est entier, au moyen de la formule $\int \frac{x^m dx}{l\frac{1}{x}} \left(1-x^n\right) = l\left(\frac{m+n+1}{n+1}\right)$.

Nous remarquerons que si on différentie par rapport à a l'équation (c), il en résulte

$$\int x^a dx \left(\frac{1+x-2x^{a+1}}{1-x^2}\right) = \log 2 ,$$

ce qui s'accorde avec la première des équations 21 , art. 55.

§ III. *De l'intégrale* $\mathbf{Z} = \int \dfrac{\mathrm{x}^{\mathrm{p}-1}\mathrm{dx}}{(1-\mathrm{x})^{\mathrm{r}}(1-a\mathrm{x})^{\mathrm{n}}}$, *prise depuis* $\mathrm{x}=0$ *jusqu'à* $\mathrm{x}=1.$

(114). Pour que l'intégrale ne devienne pas infinie dans l'une de ses limites, on suppose à la fois $p>0$ et $r<1$; de plus il est nécessaire de supposer $1 + a > 0$ pour que $1 + ax$ ne devienne pas zéro entre les deux limites de l'intégrale. Cela posé, soit $1 - x = z$, on aura $1 + ax = 1 + a - az$, et si aux suppositions précédentes on ajoute celle que $\frac{a}{1+a}$ soit < 1, ce qui arrivera toujours si a est positif ou si a est négatif et $< \frac{1}{2}$, on pourra développer $(1 + ax)^{-n}$ en cette suite convergente,

$$(1 + a)^{-n} \left(1 + n \cdot \frac{az}{1+a} + \frac{n \cdot n+1}{1 \cdot 2} \cdot \frac{a^2 z^2}{(1+a)^2} + \text{etc.}\right);$$

on aura donc

$$Z = (1 + a)^{-n} \int \frac{x^{p-1} dx}{z^r} \left(1 + n \cdot \frac{az}{1+a} + \frac{n \cdot n+1}{1 \cdot 2} \cdot \frac{a^2 z^2}{(1+a)^2} + \text{etc.}\right).$$

Soit $V = x^p z^{k-r}$, on aura par la différentiation,

$$dV = (p + k - r) x^{p-1} z^{k-r} dx - (k - r) x^{p-1} z^{k-r-1} dx :$$

intégrant de part et d'autre entre les limites données, et observant que V est nul dans ces deux limites, pourvu qu'on prenne $k > r$, on aura

$$\int x^{p-1} z^{k-r} dx = \frac{k - r}{p - r + k} \int x^{p-1} z^{k-r-1} dx.$$

De là résulte successivement,

$$\int x^{p-1} z^{1-r} dx = \frac{1 - r}{p - r + 1} \int x^{p-1} z^{-r} dx,$$

$$\int x^{p-1} z^{2-r} dx = \frac{2 - r}{p - r + 2} \int x^{p-1} z^{1-r} dx,$$

$$\text{etc.}$$

Soit donc, pour abréger, $A = \int \frac{x^{p-1} dx}{z^r} = \int x^{p-1} dx (1 - x)^{-r}$, et on aura l'intégrale cherchée

$$(a) \quad Z = A(1+a)^{-n} \left(1 + \frac{n}{1} \cdot \frac{1-r}{p-r+1} \cdot \frac{a}{1+a} + \frac{n \cdot n+1}{1 \cdot 2} \cdot \frac{1-r \cdot 2-r}{p-r+1 \cdot p-r+2} \cdot \frac{a^2}{(1+a)^2} + \text{etc}\right)$$

Quant à la valeur de A, on voit que cette intégrale est une fonc-

tion Eulérienne de première espèce, qui peut être représentée par
$(p,\ 1-r)$, et qu'ainsi on a

$$A = \frac{\Gamma p\ \Gamma (1-r)}{\Gamma (p+1-r)}.$$

L'intégrale Z sera donc entièrement connue, si on peut trouver
la somme de la suite contenue dans son expression, savoir,

$$Q = 1 + \frac{n}{1}\cdot\frac{1-r}{p-r+1}\cdot\frac{a}{1+a} + \frac{n.n+1}{1.2}\cdot\frac{1-r.2-r}{p-r+1.p-r+2}\cdot\frac{a^2}{(1+a)^2} + \text{etc.}:$$

il faut pour cela examiner différens cas.

Premier cas : $n + r = p + 1.$

(115). Alors en substituant la valeur de n, on aura

$$Q = 1 + (1-r)\cdot\frac{a}{1+a} + \frac{1-r.2-r}{1.2}\cdot\frac{a^2}{(1+a)^2} + \frac{1-r.2-r.3-r}{1.2.3}\cdot\frac{a^3}{(1+a)^3} + \text{etc.}$$

Cette suite est évidemment sommable, et la somme est

$$Q = \left(1 - \frac{a}{1+a}\right)^{r-1} = (1+a)^{1-r};$$

donc on a généralement

$$(b) \qquad \int\frac{x^{n+r-2}dx}{(1-x)^r (1+ax)^n} = (1+a)^{1-n-r}\cdot\frac{\Gamma (n+r-1)\,\Gamma (1-r)}{\Gamma n}.$$

Cette formule suppose $n + r > 1$ et $r < 1$; et comme la série a été
sommée exactement, le résultat ne suppose plus que a, s'il est négatif, soit $< \frac{1}{2}$; il suppose seulement que $1 + a$ est positif.

(116). La formule précédente peut se trouver immédiatement par
le développement de $(1 + ax)^{-n}$ qui donne

$$Z = \int\frac{x^{n+r-2}dx}{(1-x)^r}\left(1 - nax + \frac{n.n+1}{2}a^2x^2 - \text{etc.}\right):$$

or

or on a en général,

$$\int \frac{x^{n+r+k-2}\,dx}{(1-x)^r} = (n+r+k-1\,,\,1-r) = \frac{\Gamma(n+r+k-1)\,\Gamma(1-r)}{\Gamma(n+k)},$$

ce qui donne successivement

$$\int \frac{x^{n+r-2}\,dx}{(1+x)^r} = \frac{\Gamma(n+r-1)\,\Gamma(1-r)}{\Gamma n} = A,$$

$$\int \frac{x^{n+r-1}\,dx}{(1+x)^r} = \frac{\Gamma(n+r)\,\Gamma(1-r)}{\Gamma(n+1)} = \frac{n+r-1}{n}\,A,$$

$$\int \frac{x^{n+r}\,dx}{(1+x)^r} = \frac{\Gamma(n+r+1)\,\Gamma(1-r)}{\Gamma(n+2)} = \frac{n+r-1\,.\,n+r}{n\,.\,n+1}\,A,$$

etc.

donc

$$Z = A\left(1 - (n+r-1)a + \frac{n+r-1\,.\,n+r-2}{1.2}\,a^2 - \text{etc.}\right),$$

ou

$$Z = A\,(1+a)^{1-n-r}.$$

(117). Si dans la formule (b) on fait $n=r$ et $a=1$, on aura

$$Z = \int \frac{x^{2r-2}\,dx}{(1-x^2)^r} = 2^{1-2r}\cdot\frac{\Gamma(2r-1)\,\Gamma(1-r)}{\Gamma r};$$

mais dans ce cas l'intégrale Z est elle-même une intégrale Eulé‑
rienne de première espèce, qui, en mettant x à la place de x^2,
devient $\frac{1}{2}\int x^{r-\frac{3}{2}}\,dx(1-x)^{-r}$, et peut être représentée par.....
$\frac{1}{2}(r-\frac{1}{2}\,,\,1-r)$; sa valeur est donc $Z = \frac{1}{2}\cdot\frac{\Gamma(r-\frac{1}{2})\,\Gamma(1-r)}{\Gamma\frac{1}{2}}$, et en
vertu de l'équation précédente, on doit avoir

$$\frac{\Gamma(r-\frac{1}{2})\,\Gamma(1-r)}{2\Gamma\frac{1}{2}} = 2^{1-2r}\cdot\frac{\Gamma(2r-1)\,\Gamma(1-r)}{\Gamma r},$$

ou $\Gamma(r-\frac{1}{2})\Gamma r = \Gamma\frac{1}{2}\Gamma(2r-1)\,.\,2^{2-2r}$. Faisant $r=\frac{1}{2}+a$, on a l'é‑
quation connue :

$$\Gamma a\,\Gamma(a+\tfrac{1}{2}) = \Gamma(2a)\,.\,\Gamma\tfrac{1}{2}\,.\,2^{1-2a},$$

15

ce qui vérifie nos calculs sans offrir une nouvelle propriété des fonctions Γ.

(118). Reprenons maintenant l'équation (b), pour en déduire quelques autres corollaires. Si l'on fait d'abord $r = 0$, on aura

$$\int \frac{x^{n-2}dx}{(1+ax)^n} = (1+a)^{-n} \cdot \frac{\Gamma(n-1)}{\Gamma n} = \frac{(1+a)^{-n}}{n-1};$$

c'est ce qu'on trouverait immédiatement en faisant $1+ax = \frac{x}{z}$.

Si dans la même équation on fait $n = 1$, et qu'on substitue la valeur $\Gamma r \Gamma(1-r) = \frac{\pi}{\sin \pi r}$, on aura la formule

$$(c) \qquad \int \frac{x^{r-1}dx}{(1+ax)(1-x)^r} = \frac{\pi}{\sin \pi r}(1+a)^{-r}.$$

Celle-ci peut encore se démontrer directement d'une manière fort simple. Soit $\frac{x}{1-x} = \frac{z}{a+1}$, ou $x = \frac{z}{a+1+z}$, on aura la transformée $(1+a)^{-r} \int \frac{z^{r-1}dz}{1+z}$, laquelle devra être intégrée depuis $z = 0$ jusqu'à $z = \infty$; sa valeur devient donc $(1+a)^{-r} \frac{\pi}{\sin \pi r}$.

(119). Soit, pour abréger, $x^{r-1}dx(1-x)^{-r} = dv$; si on prend les différentielles successives de l'équation (c) par rapport à a, et qu'on fasse $\frac{\pi}{\sin \pi r} = A$, on aura cette nouvelle suite d'intégrales :

$$(d) \qquad \begin{aligned} \int \frac{dv}{1+ax} &= A(1+a)^{-r}, \\[4pt] \int \frac{xdv}{(1+ax)^2} &= \frac{r}{1} \cdot A(1+a)^{-r-1}, \\[4pt] \int \frac{x^2dv}{(1+ax)^3} &= \frac{r \cdot r+1}{1 \cdot 2} A(1+a)^{-r-2}, \\[4pt] \int \frac{x^3dv}{(1+ax)^4} &= \frac{r \cdot r+1 \cdot r+2}{1 \cdot 2 \cdot 3} A(1+a)^{-r-3}, \end{aligned}$$

etc.

Mais en faisant $p = 1 + ax$, on a $1 = p - ax = (p - ax)^2 = (p - ax)^3$, etc.; d'où

$$\frac{1}{p^2} = \frac{1}{p} - \frac{ax}{p^2} \, , \quad \frac{1}{p^3} = \frac{1}{p} - \frac{2ax}{p^2} + \frac{a^2 x^2}{p^3} \, , \quad \frac{1}{p^4} = \frac{1}{p} - \frac{3ax}{p^2} + \frac{3a^2 x^2}{p^3} - \frac{a^3 x^3}{p^4} \, , \text{ etc.}$$

On connaît, par les formules précédentes, les intégrales $\int \frac{dv}{p}$, $\int \frac{x\,dv}{p^2}$, $\int \frac{x^2\,dv}{p^3}$, etc.; donc, par la substitution de ces valeurs, on aura les formules suivantes :

(e)
$$\int \frac{dv}{1 + ax} = A(1+a)^{-r} \, ,$$
$$\int \frac{dv}{(1+ax)^2} = A(1+a)^{-r}\left(1 - r \cdot \frac{a}{1+a}\right) ,$$
$$\int \frac{dv}{(1+ax)^3} = A(1+a)^{-r}\left(1 - 2r \cdot \frac{a}{1+a} + \frac{r.r+1}{1.2} \cdot \frac{a^2}{(1+a)^2}\right) ,$$
$$\int \frac{dv}{(1+ax)^4} = A(1+a)^{-r}\left(1 - 3r \cdot \frac{a}{1+a} + 3\frac{r.r+1}{1.2} \cdot \frac{a^2}{(1+a)^2} - \frac{r.r+1.r+2}{1.2.3} \cdot \frac{a^3}{(1+a)^3}\right) ,$$

etc. ,

formules dont la loi est facile à saisir; elles supposent toujours $1 + a$ positif et $r < 1$.

(120). Soit proposé de trouver l'intégrale $\int \frac{dv}{(1+ax)(1+bx)}$, dans laquelle les nombres $1 + a$, $1 + b$, sont supposés positifs. Comme on a

$$\frac{1}{(1 + ax)(1 + bx)} = \frac{a}{a - b} \cdot \frac{1}{1 + ax} - \frac{b}{a - b} \cdot \frac{1}{1 + bx} \, ,$$

l'intégrale proposée est la même que $\frac{a}{a-b} \int \frac{dv}{1+ax} - \frac{b}{a-b} \int \frac{dv}{1+bx}$; ainsi on aura généralement

(f)
$$\int \frac{dv}{(1+ax)(1+bx)} = \frac{A}{a-b}\left[a(1+a)^{-r} - b(1+b)^{-r}\right].$$

Dans cette formule faisons $a = c(\cos\theta + \sqrt{-1}\sin\theta), b = c(\cos\theta - \sqrt{-1}\sin\theta)$, ensuite $p^2 = 1 + 2c\cos\theta + c^2$ et $\tang\lambda = \frac{c \sin\theta}{1 + c\cos\theta}$, nous aurons, par ces substitutions,

$$(g) \qquad \int \frac{d\nu}{1 + 2cx\cos\theta + c^2x^2} = A p^{-r} \cdot \frac{\sin(\theta - r\lambda)}{\sin\theta}.$$

(121). D'après ces diverses formules, il est visible que, si $\frac{P}{Q}$ est une fonction rationnelle de x, dans laquelle le dénominateur Q ne se réduit à zéro pour aucune valeur de x comprise entre 0 et 1, on pourra toujours exprimer l'intégrale $\int \frac{Pd\nu}{Q}$, ou $\int \frac{Px^{r-1}dx}{Q(1-x)^r}$, par une quantité de la forme $\frac{\pi}{\sin\pi r}\cdot B$, B étant une fonction algébrique de quantités connues.

$$\textit{Second cas.} \quad n = r, \quad p = r + \tfrac{1}{2}.$$

(122). Alors l'intégrale proposée est $Z = \int \frac{x^{r-\frac{1}{2}}dx}{(1-x)^r(1+ax)^r}$; et en faisant $A = \frac{\Gamma(r+\frac{1}{2})\Gamma(1-r)}{\Gamma\frac{3}{2}}$, on aura

$$Z = A\left(1 + \frac{r}{1}\cdot\frac{1-r}{3}\cdot\frac{2a}{1+a} + \frac{r\cdot r+1}{1\cdot2}\cdot\frac{1-r\cdot2-r}{3\cdot5}\cdot\frac{4a^2}{(1+a)^2} + \text{etc.}\right).$$

Pour voir plus clairement la loi de cette suite que nous désignerons par Q, soit $r = \frac{1+m}{2}$, nous aurons

$$Q = 1 + \frac{1-m^2}{1\cdot2\cdot3}\cdot\frac{a}{1+a} + \frac{1-m^2\cdot9-m^2}{1\cdot2\cdot3\cdot4\cdot5}\cdot\frac{a^2}{(1+a)^2} + \frac{1-m^2\cdot9-m^2\cdot25-m^2}{1\cdot2\cdot3\cdot4\cdot5\cdot6\cdot7}\cdot\frac{a^3}{(1+a)^3} + \text{etc.}$$

Cette suite est connue, au moins lorsque m est un entier impair, et suivant la formule donnée art. 236 de l'*Introd. in An.*, on a

$$\frac{\sin m\theta}{m\sin\theta} = 1 + \frac{1-m^2}{1\cdot2\cdot3}\sin^2\theta + \frac{1-m^2\cdot9-m^2}{1\cdot2\cdot3\cdot4\cdot5}\sin^4\theta + \text{etc.}$$

Donc si on fait $\frac{a}{1+a} = \sin^2\theta$, ou $a = \tan^2\theta$, on aura

$$Q = \frac{\sin m\theta}{m\sin\theta}.$$

Mais il faut démontrer que la formule précédente, trouvée pour le cas où m est un entier impair, a lieu pour une valeur quelconque de m.

(123). Quel que soit m, le sinus de l'arc $m\theta$ a pour expression

$$\sin m\theta = m\theta - \frac{m^3\theta^3}{1.2.3} + \frac{m^5\theta^5}{1.2.3.4.5} - \text{etc.}$$

Mais l'arc θ que nous pouvons supposer $< \frac{1}{2}\pi$, se développe de même en cette suite convergente

$$\theta = \sin\theta + \frac{1.1}{2.3}\sin^3\theta + \frac{1.1.3.3}{2.3.4.5}\sin^5\theta + \frac{1.1.3.3.5.5}{2.3.4.5.6.7}\sin^7\theta + \text{etc.}$$

Donc quel que soit m, la valeur de $\frac{\sin m\theta}{m}$ peut se développer en une suite de la forme $\sin\theta + A\sin^3\theta + B\sin^5\theta + \text{etc.}$, les coefficiens A, B, C, etc. étant des fonctions de m qu'il s'agit de déterminer.

Pour cet effet, soit $\sin\theta = x$, et

$$\frac{\sin m\theta}{m} = x + Ax^3 + Bx^5 + Cx^7 + \text{etc.} :$$

on aura en différentiant de part et d'autre par rapport à θ, et mettant au lieu de $\frac{dx}{d\theta}$ sa valeur $\cos\theta$,

$$\cos m\theta = \cos\theta\,(1 + 3Ax^2 + 5Bx^4 + 7Cx^6 + \text{etc.}) :$$

différentiant de nouveau par rapport à θ, il vient

$$m\sin m\theta = (1 - 2.3A)\,x + (3^2A - 4.5B)x^3 + (5^2B - 6.7C)x^5 + \text{etc.}$$

Égalant le second membre terme à terme à la valeur du premier qui est

$$m^2x + m^2Ax^3 + m^2Bx^5 + \text{etc.},$$

on en tire

$$A = \frac{1 - m^2}{2.3}, \quad B = \frac{A(9 - m^2)}{4.5}, \quad C = \frac{B(25 - m^2)}{6.7}, \quad \text{etc.}$$

Donc on a généralement, quel que soit m,

$$\frac{\sin m\theta}{m\sin\theta}=1+\frac{1-m^2}{2.3}\sin^2\theta+\frac{1-m^2.9-m^2}{2.3.4.5}\sin^4\theta+\frac{1-m^2.9-m^2.25-m^2}{2.3.4.5.6.7}\sin^6\theta+\text{etc.},$$

et il résulte de la même analyse qu'on a en même temps

$$\frac{\cos m\theta}{\cos\theta}=1+\frac{1-m^2}{2}\sin^2\theta+\frac{1-m^2.9-m^2}{2.3.4}\sin^4\theta+\frac{1-m^2.9-m^2.25-m^2}{2.3.4.5.6}\sin^6\theta+\text{etc.}$$

(124). Cela posé, l'intégrale cherchée sera donnée par la formule

$$(h)\qquad \int\frac{x^{r-\frac{1}{2}}dx}{(1-x)^r(1+ax)^r}=A\,\cos^{2r}\theta.\frac{\sin(2r-1)\theta}{(2r-1)\sin\theta},$$

dans laquelle $A=\dfrac{\Gamma(r+\frac{1}{2})\,\Gamma(1-r)}{\frac{1}{2}\sqrt{\pi}}$, et où l'on suppose $r<1$ et tang $\theta=\sqrt{a}$.

Si l'on fait $a=1$, ce qui donne $\theta=\frac{1}{4}\pi$, la formule devient

$$(i)\qquad \int\frac{x^{r-\frac{1}{2}}dx}{(1-x^2)^r}=\frac{2^{\frac{1}{2}-r}}{2r-1}.A\sin\left(2r-1\right)\frac{\pi}{4}.$$

Le premier membre est une intégrale Eulérienne de première espèce qui peut se représenter par $\frac{1}{2}\left(\dfrac{2r+1}{4},1-r\right)$, et dont la valeur est $\frac{1}{2}.\dfrac{\Gamma(\frac{1}{2}r+\frac{1}{4})\,\Gamma(1-r)}{\Gamma(\frac{5}{4}-\frac{1}{2}r)}$. Ainsi en remettant la valeur de A, on devra avoir entre les fonctions Γ l'équation

$$\frac{1}{2}.\frac{\Gamma(\frac{1}{2}r+\frac{1}{4})\,\Gamma(1-r)}{\Gamma(\frac{5}{4}-\frac{1}{2}r)}=\frac{\Gamma(r+\frac{1}{2})\,\Gamma(1-r)}{(r-\frac{1}{2})\sqrt{\pi}}.2^{\frac{1}{2}-r}\sin\left(2r-1\right)\frac{\pi}{4}.$$

Si l'on a $r>\frac{1}{2}$, soit $r=\frac{1}{2}+2a$, cette équation devient

$$\frac{\Gamma(\frac{1}{2}+a)}{\Gamma(1-a)}=\frac{\Gamma(1+2a)}{2a\sqrt{\pi}}.2^{1-2a}\sin a\pi.$$

Mais on a $\Gamma(1+2a)=2a\,\Gamma(2a)$, et $\Gamma a\,\Gamma(1-a)=\dfrac{\pi}{\sin a\pi}$; de là résulte l'équation connue (*)

$$\Gamma a\,\Gamma\left(\tfrac{1}{2}+a\right)=\Gamma\left(2a\right).\pi^{\frac{1}{2}}.2^{1-2a},$$

équation à laquelle on serait également conduit en supposant $r=\tfrac{1}{2}-2a$.

(125). La formule (h) ne pourrait plus avoir lieu si a était négatif; mais en éliminant l'arc θ, qui alors deviendrait imaginaire, on peut parvenir à la vraie intégrale.

En effet, si on change le signe de a, on aura tang $\theta=\sqrt{(-a)}$, $\sin\theta=\sqrt{\left(\dfrac{-a}{1-a}\right)}$, $\cos\theta=\sqrt{\left(\dfrac{1}{1-a}\right)}$; substituant ces valeurs dans la formule

$$\sin m\theta=\frac{\left(\cos\theta+\sqrt{-1}\sin\theta\right)^{m}-\left(\cos\theta-\sqrt{-1}\sin\theta\right)^{m}}{2\sqrt{-1}},$$

et faisant $m=2r-1$, on aura

$$\frac{\sin\left(2r-1\right)\theta}{\sin\theta}=\frac{\left(1+\sqrt{a}\right)^{2r-1}-\left(1-\sqrt{a}\right)^{2r-1}}{2\sqrt{a}.\left(1-a\right)^{r-1}}:$$

on a en même temps $\cos^{2r}\theta=\left(1-a\right)^{-r}$; donc

$$\frac{\sin\left(2r-1\right)\theta}{\sin\theta}.\cos^{2r}\theta=\frac{\left(1-\sqrt{a}\right)^{1-2r}-\left(1+\sqrt{a}\right)^{1-2r}}{2\sqrt{a}}:$$

(*) M. Poisson, dans le tome IX du *Journal de l'École Polytechnique*, a trouvé des résultats analogues à ceux que nous venons d'exposer. Il parvient, page 146, à une équation entre deux intégrales Eulériennes, qui au fond est la même que l'équation (i); et il ajoute que *cette équation contient une nouvelle relation qui peut servir à la réduction de ces transcendantes.* On voit ici que cette équation ne conduit qu'à une formule connue, dont l'équivalente a été donnée page 284 des *Exercices du Calcul intégral*, et plus anciennement, page 96 du *Mémoire sur les Transcendantes elliptiques.*

donc l'intégrale cherchée

$$(k) \qquad \int \frac{x^{r-\frac{1}{2}}\,dx}{(1-x)^r(1-ax)^r} = A \cdot \frac{(1-\sqrt{a})^{1-2r} - (1+\sqrt{a})^{1-2r}}{(2r-1)\,2\sqrt{a}},$$

et on aura toujours $A = \dfrac{\Gamma(r+\frac{1}{2})\,\Gamma(1-r)}{\frac{1}{2}\sqrt{\pi}}$:

(126). Dans cette formule il faut qu'on ait $a < 1$; on peut cependant faire $a = 1$, pourvu qu'on ait $2r < 1$. Alors la formule devient

$$\int \frac{x^{r-\frac{1}{2}}\,dx}{(1-x)^{2r}} = \frac{2^{1-2r}}{1-2r} \cdot \frac{\Gamma(r+\frac{1}{2})\,\Gamma(1-r)}{\sqrt{\pi}}.$$

Mais le premier membre est une intégrale Eulérienne de la première espèce dont la valeur est $\dfrac{\Gamma(r+\frac{1}{2})\,\Gamma(1-2r)}{\Gamma(\frac{3}{2}-r)}$; donc on doit avoir entre les fonctions Γ, l'équation

$$\frac{\Gamma(r+\frac{1}{2})\,\Gamma(1-2r)}{\Gamma(\frac{3}{2}-r)} = \frac{2^{1-2r}}{1-2r} \cdot \frac{\Gamma(r+\frac{1}{2})\,\Gamma(1-r)}{\sqrt{\pi}}.$$

Mettant au lieu de $\Gamma(\frac{3}{2}-r)$ sa valeur $(\frac{1}{2}-r)\,\Gamma(\frac{1}{2}-r)$, et faisant $\frac{1}{2}-r = a$, on retombe encore sur l'équation

$$\Gamma a\,\Gamma(\tfrac{1}{2}+a) = \Gamma(2a).\pi^{\frac{1}{2}}.2^{1-2a},$$

qui prouve l'exactitude de nos calculs.

(127). Il ne sera pas inutile de faire voir que la formule (k), qui est le résultat d'un calcul assez compliqué, peut s'obtenir plus facilement par une autre voie. Si dans l'expression différentielle on développe le facteur $(1-ax)^{-r}$, on aura

$$Z = \int \frac{x^{r-\frac{1}{2}}\,dx}{(1-x)^r}\left(1 + rax + \frac{r.r+1}{1.2}a^2x^2 + \frac{r.r+1.r+2}{1.2.3}a^3x^3 + \text{etc.}\right).$$

Or en intégrant les termes successifs, on a

$$\int$$

$$\int \frac{x^{r-\frac{1}{2}}dx}{(1-x)^r} = \frac{\Gamma(r+\frac{1}{2})\,\Gamma(1-r)}{\Gamma\frac{3}{2}} = A\,;$$

$$\int \frac{x^{r+\frac{1}{2}}dx}{(1-x)^r} = \frac{\Gamma(r+\frac{3}{2})\,\Gamma(1-r)}{\Gamma\frac{5}{2}} = A\cdot\frac{r+\frac{1}{2}}{\frac{3}{2}}\,,$$

$$\int \frac{x^{r+\frac{3}{2}}dx}{(1-x)^r} = \frac{\Gamma(r+\frac{5}{2})\,\Gamma(1-r)}{\Gamma\frac{7}{2}} = A\cdot\frac{r+\frac{1}{2}\cdot r+\frac{3}{2}}{\frac{3}{2}\cdot\frac{5}{2}}\,,$$

etc.

Donc l'intégrale cherchée

$$Z = A\left(1 + \frac{2r.2r+1}{2.3}\,a + \frac{2r.2r+1.2r+2.2r+3}{2.3.4.5}\,a^2 + \text{etc.}\right).$$

Il est facile ensuite de voir que la série qui multiplie A, n'est autre chose que le développement de la quantité

$$\frac{(1-\sqrt{a})^{1-2r}-(1+\sqrt{a})^{1-2r}}{(2r-1).2\sqrt{a}}.$$

Ainsi on obtient immédiatement la formule (k), et de celle-ci on pourrait déduire facilement la formule (h), au moyen des réductions que donne la formule

$$(\cos\theta+\sqrt{-1}\sin\theta)^m = \cos m\theta + \sqrt{-1}\sin m\theta.$$

Troisième cas : $p = r + n$.

(128). Alors l'intégrale proposée $Z=\int\dfrac{x^{r+n-1}dx}{(1-x)^r(1+ax)^n}$, et la suite à sommer est, en faisant $\alpha=\dfrac{a}{1+a}$,

$$Q = 1 + \frac{1-r}{1}\cdot\frac{\alpha n}{1+n} + \frac{1-r.2-r}{1.2}\cdot\frac{n\alpha^2}{2+n} + \frac{1-r.2-r.3-r}{1.2.3}\cdot\frac{n\alpha^3}{3+n} + \text{etc.}$$

Pour avoir la somme de cette suite, supposons pour un moment qu'on ait

$$Q = n\left(\frac{x^n}{n} + \frac{1-r}{1}\cdot\frac{\alpha x^{n+1}}{n+1} + \frac{1-r.2-r}{1.2}\cdot\frac{\alpha^2 x^{n+2}}{n+2} + \text{etc.}\right):$$

16

en différentiant par rapport à x, on aura

$$dQ = nx^{n-1}\, dx \left(1 + \frac{1-r}{1}\, ax + \frac{1-r \cdot 2-r}{1\cdot 2}\, a^2 x^2 + \text{etc.} \right),$$

ou $dQ = \frac{nx^{n-1}dx}{(1-ax)^{1-r}}$; donc $Q = \int \frac{nx^{n-1}dx}{(1-ax)^{1-r}}$, cette intégrale étant prise depuis $x = 0$ jusqu'à $x = 1$.

Cela posé, comme on a en même temps

$$A = \frac{\Gamma(n+r)\,\Gamma(1-r)}{\Gamma(n+1)} = \frac{\Gamma(n+r)\,\Gamma(1-r)}{n\,\Gamma n},$$

l'intégrale cherchée sera exprimée ainsi,

$$(l) \qquad \int \frac{x^{r+n-1}dx}{(1-x)^r (1+ax)^n} = \frac{\Gamma(n+r)\,\Gamma(1-r)}{\Gamma n} (1+a)^{-n} \int \frac{x^{n-1}dx}{(1-ax)^{1-r}} \, ;$$

d'où il suit qu'en regardant les fonctions Γ comme connues, cette intégrale est ramenée à une intégrale plus simple $\int \frac{x^{n-1}dx}{(1-ax)^{1-r}}$, prise entre les mêmes limites et dans laquelle $a = \frac{a}{1+a}$.

(129). Lorsqu'on change le signe de a, il convient de mettre sous une autre forme le facteur $P = (1-a)^{-n} \int \dfrac{x^{n-1}dx}{\left(1+\dfrac{ax}{1-a}\right)^{1-r}}$.

Soit alors $x = \frac{(1-a)z}{1-az}$, on aura $P = \int \frac{z^{n-1}dz}{(1-az)^{r+n}}$, et les limites de cette intégrale seront encore $z = 0$, $z = 1$; de sorte qu'on peut changer z en x, et on aura pour ce second cas la formule

$$(m) \qquad \int \frac{x^{r+n-1}dx}{(1-x)^r (1-ax)^n} = \frac{\Gamma(n+r)\,\Gamma(1-r)}{\Gamma n} \int \frac{x^{n-1}dx}{(1-ax)^{r+n}},$$

(130). On peut parvenir directement à ce résultat en développant dans la formule proposée le facteur $(1-ax)^{-n}$, ce qui donne

$$Z = \int \frac{x^{r+n-1}dx}{(1-x)^r} \left(1 + nax + \frac{n \cdot n+1}{2}\, a^2 x^2 + \text{etc.} \right).$$

Or en intégrant les différens termes, on a

$$\int \frac{x^{r+n-1}dx}{(1-x)^r} = \frac{\Gamma(r+n)\,\Gamma(1-r)}{\Gamma(1+n)} = \frac{\Gamma(r+n)\,\Gamma(1-r)}{\Gamma n} \cdot \frac{1}{n},$$

$$\int \frac{x^{r+n}dx}{(1-x)^r} = \frac{\Gamma(r+n+1)\,\Gamma(1-r)}{\Gamma(2+n)} = \frac{\Gamma(r+n)\,\Gamma(1-r)}{\Gamma n} \cdot \frac{r+n}{n \cdot n+1},$$

$$\int \frac{x^{r+n+1}dx}{(1-x)^r} = \frac{\Gamma(r+n+2)\,\Gamma(1-r)}{\Gamma(3+n)} = \frac{\Gamma(r+n)\,\Gamma(1-r)}{\Gamma n} \cdot \frac{r+n \cdot r+n+1}{n \cdot n+1 \cdot n+2},$$

etc.

Donc l'intégrale cherchée

$$Z = \frac{\Gamma(r+n)\,\Gamma(r-n)}{\Gamma n}\left(\frac{1}{n} + \frac{r+n}{1}\cdot\frac{a}{n+1} + \frac{r+n \cdot r+n+1}{1 \cdot 2}\cdot\frac{a^2}{n+2} + \text{etc.}\right):$$

la série comprise dans cette formule n'est autre chose que la valeur de l'intégrale $\int \frac{x^{n-1}dx}{(1-ax)^{r+n}}$; ainsi on obtient la même formule que ci-dessus.

Dans les deux cas, si n est entier, on pourra trouver exactement l'une et l'autre des intégrales $\int \frac{x^{n-1}dx}{(1-ax)^{1-r}}$, $\int \frac{x^{n-1}dx}{(1-ax)^{n+r}}$; il suffit pour cela de faire $1-ax$ ou $1-ax=z$; mais ces cas particuliers sont compris dans le résultat général de l'article 121, et il est inutile de s'y arrêter.

§ IV. *De l'intégrale* $Z = \int \frac{z\,dz}{m^2+z^2} \cdot \frac{\sin 2az}{1-2r\cos 2az+r^2}$ *et autres semblables, prises depuis* $z = 0$ *jusqu'à* $z = \infty$.

(131). On pourra toujours supposer que r est plus petit que l'unité ; car s'il était plus grand, on mettrait $\frac{1}{r}$ à la place de r, et on aurait une intégrale de même forme dans laquelle r' serait plus petit que l'unité.

Cela posé, si l'on développe suivant les puissances de r la quantité $P = \dfrac{\sin 2az}{1 - 2r\cos 2az + r^2}$, on aura par les propriétés des séries récurrentes,

$$P = \sin 2az + r \sin 4az + r^2 \sin 6az + r^3 \sin 8az + \text{etc.},$$

ce qui donne

$$Z = \int \frac{zdz}{m^2 + z^2} \left(\sin 2az + r \sin 4az + r^2 \sin 6az + \text{etc.} \right).$$

Mais par la formule (2) de la troisième partie, page 358, on a l'intégrale

$$\int \frac{zdz \sin kz}{m^2 + z^2} = \frac{\pi}{2} e^{-km};$$

donc

$$Z = \frac{\pi}{2} \left(e^{-2am} + re^{-4am} + r^2 e^{-6am} + \text{etc.} \right),$$

ou simplement,

$$Z = \frac{\frac{1}{2}\pi}{e^{2am} - r}:$$

c'est la valeur de l'intégrale cherchée.

On peut d'ailleurs changer le signe de r : ainsi on aura tout à la fois les deux formules

$$(a) \qquad \int \frac{zdz}{m^2 + z^2} \cdot \frac{\sin 2az}{1 + r^2 - 2r\cos 2az} = \frac{\frac{1}{2}\pi}{e^{2am} - r},$$

$$(b) \qquad \int \frac{zdz}{m^2 + z^2} \cdot \frac{\sin 2az}{1 + r^2 + 2r\cos 2az} = \frac{\frac{1}{2}\pi}{e^{2am} + r}. \qquad \begin{cases} z = 0 \\ z = \infty \end{cases}$$

Ces deux formules supposent $r < 1$; mais elles seront encore vraies lorsque $r = 1$, et alors on aura

$$(c) \qquad \int \frac{zdz \cot az}{m^2 + z^2} = \frac{\pi}{e^{2am} - 1},$$

$$(d) \qquad \int \frac{zdz \tang az}{m^2 + z^2} = \frac{\pi}{e^{2am} + 1}.$$

(132). Si après avoir ajouté les deux équations (a) et (b), on met a à la place de $2a$, et r à la place de r^2, on aura cette nouvelle formule

$$(e) \qquad \int \frac{z\,dz}{m^2+z^2} \cdot \frac{\sin az}{1+r^2-2r\cos 2az} = \frac{\frac{1}{2}\pi}{1+r} \cdot \frac{e^{am}}{e^{2am}-r}.$$

Faisant dans celle-ci $r = 1$, on a

$$(f) \qquad \int \frac{z\,dz}{m^2+z^2} \cdot \frac{1}{\sin az} = \frac{\pi e^{am}}{e^{2am}-1}.$$

(133). Si on multiplie par $4r\,da$ les deux membres des équations (a) et (b), et qu'ensuite on les intègre par rapport à a depuis $a = o$, on aura les deux formules

$$(g) \qquad \int \frac{dz}{m^2+z^2} \log\left(1+r^2-2r\cos 2az\right) = \frac{\pi}{m} \log\left(1-re^{-2am}\right),$$

$$(h) \qquad \int \frac{dz}{m^2+z^2} \log\left(1+r^2-2r\cos 2az\right) = \frac{\pi}{m} \log\left(1+re^{-2am}\right),$$

Si dans ces équations on fait $r = 1$, on aura ces deux autres formules,

$$(i) \qquad \int \frac{dz}{m^2+z^2} \log\sin az = \frac{\pi}{2m} \log\left(\frac{1-e^{-2am}}{2}\right),$$

$$(k) \qquad \int \frac{dz}{m^2+z^2} \log\cos az = \frac{\pi}{2m} \log\left(\frac{1+e^{-2am}}{2}\right),$$

d'où résulte cette troisième,

$$(l) \qquad \int \frac{dz}{m^2+z^2} \log\tan az = \frac{\pi}{2m} \log\left(\frac{e^{2am}-1}{e^{2am}+1}\right).$$

(134). Si on différencie par rapport à r les équations (g) et (h), on aura encore les deux formules

$$(m) \qquad \int \frac{dz}{m^2+z^2} \cdot \frac{r-\cos 2az}{1+r^2-2r\cos 2az} = -\frac{\pi}{2m} \cdot \frac{1}{e^{2am}-r},$$

$$(n) \qquad \int \frac{dz}{m^2+z^2} \cdot \frac{r+\cos 2az}{1+r^2+2r\cos 2az} = \frac{\pi}{2m} \cdot \frac{1}{e^{2am}+r}.$$

Ces équations pourraient se démontrer directement au moyen des deux formules

$$\frac{\cos\varphi - r}{1 - 2r\cos\varphi + r^2} = \cos\varphi + r\cos 2\varphi + r^2\cos 3\varphi + r^3\cos 4\varphi + \text{etc.},$$

$$\int \frac{dz}{m^2 + z^2}\cos kz = \frac{\pi}{2m}\,e^{-km}.$$

Si l'on différenciait les formules que nous venons de trouver par rapport aux constantes qu'elles renferment, on en déduirait une multitude d'autres formules plus ou moins remarquables; mais nous n'entrerons pas dans de plus grands détails à ce sujet. Nous devons seulement ajouter que les formules (c), (d), (f), (i), (k), (l), très-remarquables dans la théorie des intégrales définies, sont dues à M. *Bidone,* qui les a publiées dans les Mémoires de l'Académie de Turin, année 1812.

§ V. *Formules propres à rendre plus étendue la théorie des intégrales définies.*

(135). Dans les recherches précédentes, on a pu remarquer que des intégrales connues, prises depuis $z = 0$ jusqu'à $z = \infty$, en ont fait connaître d'autres, prises depuis $x = 0$ jusqu'à $x = 1$. La transformation employée pour cet objet, peut être généralisée, de manière qu'en passant alternativement d'un genre d'intégrales à un autre, on pourra assez souvent trouver une infinité de formules qui auront la même valeur ; et par ce principe, la théorie des intégrales définies acquerra une nouvelle extension.

Dans les transformations dont nous allons parler, nous désignerons constamment par z la variable qui s'étend dans les intégrales depuis $z = 0$ jusqu'à $z = \infty$, et par x celle qui ne s'étend que depuis $x = 0$ jusqu'à $x = 1$.

(136). Cela posé, soit la formule $\int dz\,\varphi(z) = A$, dans laquelle l'intégrale est prise depuis $z = 0$ jusqu'à $z = \infty$, et a pour valeur la quantité connue A. J'observe que l'intégrale dont il s'agit, peut être considérée comme composée de deux parties, l'une prise depuis $z = 0$ jusqu'à $z = m$ (m étant positif); l'autre prise depuis $z = m$ jusqu'à $z = \infty$. Pour avoir la première partie, je fais $z = mx$, et j'ai l'intégrale $\int m dx \, \varphi(mx)$, laquelle devra être prise depuis $x = 0$ jusqu'à $x = 1$. Pour avoir la seconde, je fais $z = \dfrac{m}{x}$, et en changeant le signe, j'ai l'intégrale $\int \dfrac{m dx}{xx} \varphi\left(\dfrac{m}{x}\right)$ qui devra être prise également depuis $x = 0$ jusqu'à $x = 1$. Donc en réunissant ces deux parties, on aura une nouvelle formule

$$(a) \qquad \int m dx \left[\varphi(mx) + \frac{1}{xx} \varphi\left(\frac{m}{x}\right) \right] = A, \qquad \begin{cases} x = 0 \\ x = 1 \end{cases}$$

laquelle devra avoir lieu, quel que soit m, pourvu qu'il soit positif, et pourra même en fournir une infinité d'autres en la faisant varier par rapport à m.

Ainsi en désignant $\dfrac{d\varphi x}{dx}$ par $\varphi'(x)$, et semblablement $\dfrac{d\varphi' x}{dx}$ par $\varphi''(x)$, on aura

$$(b) \qquad \begin{aligned} \int dx \left[x\varphi'(mx) + \frac{1}{x^3} \varphi'\left(\frac{m}{x}\right) \right] &= - \frac{A}{m^2}, \\ \int dx \left[x\varphi''(mx) + \frac{1}{x^4} \varphi''\left(\frac{m}{x}\right) \right] &= \frac{2A}{m^3}, \end{aligned}$$

etc.

(137). Soit, par exemple, $\varphi(z) = \dfrac{z^{a-1}}{1 + z}$, auquel cas $A = \dfrac{\pi}{\sin a\pi}$, on aura $\varphi(mx) = \dfrac{m^{a-1} x^{a-1}}{1 + mx}$, $\varphi\left(\dfrac{m}{x}\right) = \dfrac{m^{a-1} x^{a-a}}{m + x}$, ce qui donnera la formule

$$(c) \qquad \int \left(\frac{x^{a-1} dx}{1 + mx} + \frac{x^{-a} dx}{m + x} \right) = A m^{-a} = \frac{\pi m^{-a}}{\sin a\pi}. \qquad \begin{cases} x = 0 \\ x = 1 \end{cases}$$

Cette formule, dans le cas de $m = 1$, revient à la formule de l'article 96; mais elle est plus générale, puisqu'on peut donner à m une valeur quelconque positive.

(138). La généralité de cette formule est telle qu'on pourrait donner à m une valeur imaginaire. Soit donc $m = c(\cos\theta + \sqrt{-1}\sin\theta)$, et on obtiendra par la substitution, ces deux formules ,

$$(d) \quad \int\left(\frac{x^{a-1}dx\,(1+cx\cos\theta)}{1+2cx\cos\theta+c^2x^2} + \frac{x^{-a}dx\,(x+c\cos\theta)}{x^2+2cx\cos\theta+c^2}\right) = \frac{\pi c^{-a-1}}{\sin a\pi}\cos a\theta,$$

$$\int\left(\frac{x^a dx}{1+2cx\cos\theta+c^2x^2} + \frac{x^{-a}dx}{x^2+2cx\cos\theta+c^2}\right) = \frac{\pi c^{-a-1}}{\sin a\pi}\cdot\frac{\sin a\theta}{\sin\theta}.$$

On peut remarquer sur celles-ci que la première est contenue dans la seconde, et que cette dernière, dans le cas de $c = 1$, s'accorde avec la formule du n° 103.

La formule (c) contient une constante arbitraire m, la formule (d) en contient deux, c et θ : il est visible que par la différentiation répétée de ces formules relativement à l'une des constantes arbitraires m, c, θ, on en déduira une infinité d'autres intégrales qui toutes auront une valeur connue ; d'où l'on voit combien est féconde la transformation dont nous avons fait usage.

(139). Nous avons considéré l'intégrale $\int dz\,\varphi(z)$ comme composée de deux parties ; on pourrait de même la considérer comme composée de trois ou d'un nombre quelconque de parties, et de là naîtraient de nouvelles formules dont le nombre pourrait être multiplié à l'infini.

Concevons, par exemple, que l'intégrale $\int dz\,\varphi(z)$ soit composée de trois parties ; la première de $z = 0$ à $z = m$, la seconde de $z = m$ à $z = m+n$, et la troisième de $z = m+n$ à $z = \infty$. La première partie sera donnée par l'intégrale $\int n\,dx\,\varphi(mx)$, prise depuis $x = 0$ jusqu'à $x = 1$; la seconde par l'intégrale $\int n\,dx\,\varphi(m+nx)$, prise entre les mêmes limites ; et enfin la troisième par l'intégrale $\int\frac{n\,dx}{x^2}\,\varphi\left(m+\frac{n}{x}\right)$. On aura donc la formule

$$(e) \quad \int dx\left[m\varphi(mx)+n\varphi(m+nx)+\frac{n}{x^2}\varphi\left(m+\frac{n}{x}\right)\right] = A, \qquad \left\{\begin{array}{l} x = 0 \\ x = 1 \end{array}\right.$$

dans laquelle m et n sont deux constantes arbitraires qu'on doit supposer

poser positives, mais qui à la rigueur pourraient ne pas l'être, puisque si on conçoit l'intégration effectuée dans le premier membre de l'équation (e), le résultat ne doit plus contenir les constantes m et n.

(140). Le même principe de décomposition peut s'appliquer à l'intégrale $\int dx\,\varphi(x) = \mathrm{A}$, prise depuis $x = 0$ jusqu'à $x = 1$. En effet, cette intégrale peut être considérée comme composée de deux parties ; la première depuis $x = 0$ jusqu'à $x = m$, la seconde depuis $x = m$ jusqu'à $x = 1$. La première partie est donnée par l'intégrale $\int m\,dx\,\varphi(mx)$, prise depuis $x = 0$ jusqu'à $x = 1$; la seconde se trouve par l'intégrale $\int (1-m)\,dx\,\varphi\left[m+(1-m)x\right]$, prise entre les mêmes limites. On a donc la formule

$$(f) \qquad \int dx\left[m\varphi(mx) + (1-m)\,\varphi(m+x-mx)\right] = \mathrm{A}.$$

(141). Soit, par exemple, l'intégrale $\int x^{a-1}\,dx\,(1-x)^{r-1} = \mathrm{A}$, on en déduira la formule

$$\int dx\left[m^a x^{a-1}(1-mx)^{r-1} + (1-m)^{a+r-1}\left(\frac{m}{1-m}+x\right)^{a-1}(1-x)^{r-1}\right] = \mathrm{A}.$$

La seconde partie se simplifie en mettant $1-x$ à la place de x et changeant son signe, ce qui donne toujours les mêmes limites ; par cette substitution, la formule devient

$$(g) \int\left[m^{a+r-1}x^{a-1}dx\left(\frac{1}{m}-x\right)^{r-1} + (1-m)^{a+r-1}x^{r-1}dx\left(\frac{1}{1-m}-x\right)^{a-1}\right] = \mathrm{A}:$$

on a d'ailleurs $\mathrm{A} = \dfrac{\Gamma a\,\Gamma r}{\Gamma(a+r)}.$

Si l'on prend $m = \frac{1}{2}$, on a

$$(h) \qquad \int\left[x^{a-1}dx\,(2-x)^{r-1} + x^{r-1}dx\,(2-x)^{a-1}\right] = 2^{a+r-1}\mathrm{A}.$$

Cette formule peut servir à trouver, par approximation, la valeur de A ; elle ne diffère pas de celle qui a été donnée article 21, deuxième partie.

(142). On conçoit que les transformations peuvent être variées d'une infinité de manières, de sorte qu'une formule assez particulière peut conduire à une infinité d'autres contenant des paramètres arbitraires; mais il est surtout une de ces transformations que nous devons rapporter, et par laquelle une intégrale prise entre les limites $x=0$, $x=1$, peut être changée en une autre dont les limites seront $z=0$, $z=\infty$.

Soit $\int dx\, \varphi(x) = A$ l'intégrale donnée qui doit être prise entre les limites $x=0$, $x=1$; je fais $x = \dfrac{mz}{1+mz}$, m étant un nombre quelconque positif, et alors il est visible que les limites de la transformée seront $z=0$, $z=\infty$: on aura donc la formule

$$(i) \qquad \int \frac{m\,dz}{(1+mz)^2}\, \varphi\left(\frac{mz}{1+mz}\right) = A. \qquad \left\{ \begin{aligned} z &= 0 \\ z &= \infty \end{aligned} \right.$$

(143). Soit, par exemple, la formule $\int x^{a-1}\,dx\,(1-x)^{r-1} = A$, on aura la transformée

$$(k) \qquad \int \frac{z^{a-1}\,dz}{(1+mz)^{a+r}} = A\,m^{-a},$$

formule où l'on peut faire $m=1$, sans diminuer sa généralité.

Soit encore proposée la formule

$$\int \frac{dx\,(x^{a-1} - x^a)}{1-x} = \pi\,\cot a\pi;$$

la substitution $x = \dfrac{mz}{1+mz}$ donnera

$$\int \left[m^a z^{a-1}\,dz\,(1+mz)^{-a} - m^{1-a}z^{-a}\,dz\,(1+mz)^{a-1} \right] = \pi\,\cot a\pi,$$

formule dont les deux parties sont infinies comme celles de l'intégrale en x d'où elles sont déduites.

Si on fait $m=1$ dans cette formule, on trouvera par l'équation (n), n° 110, que le premier membre se réduit à $\dfrac{d\,l\,\Gamma(1-a)}{d(1-a)} - \dfrac{d\,l\,\Gamma a}{da}$, quantité égale à $\pi\,\cot a\pi$, suivant la formule (19), n° 54.

Ces exemples suffisent pour faire voir combien est féconde la théorie des intégrales définies ; mais la richesse de cette branche d'analyse, comme celle de toutes les autres, consiste bien moins dans le nombre des formules que dans le choix de celles qui réunissent l'élégance à la simplicité, seules qualités qui peuvent les rendre propres à de nombreuses applications.

§ VI. *Formules pour trouver, par approximation, les différences finies $\delta^n s^a$ et $\delta^n s^{-a}$, lorsque* n *est un grand nombre.*

(144). Lorsque le nombre n n'est que de quelques unités, la différence finie de l'ordre n, $\delta^n s^a$, prise en supposant que la variable s croît continuellement de l'unité, se détermine par la formule connue

$$\delta^n s^a = (s+n)^a - n(s+n-1)^a + \frac{n \cdot n-1}{1 \cdot 2}(s+n-2)^a - \text{etc.} :$$

il en est de même de $\delta^n s^{-a}$.

On peut aussi déterminer $\delta^n s^a$, ou en général $\delta^n y$, par les coefficiens différentiels de la fonction y, au moyen de la formule

$$(a) \qquad \delta^n y = \frac{d^n y}{ds^n} + N' \frac{d^{n+1} y}{ds^{n+1}} + N'' \frac{d^{n+2} y}{ds^{n+2}} + \text{etc.},$$

dans laquelle les coefficiens N', N'', etc. sont des fonctions de n, données par le développement de la fonction

$$(e^x - 1)^n = x^n (1 + N'x + N''x^2 + N'''x^3 + \text{etc.}).$$

En effet, comme on a par le théorème de Taylor,

$$\delta y = \frac{dy}{ds} + \frac{1}{2} \cdot \frac{ddy}{ds^2} + \frac{1}{2 \cdot 3} \cdot \frac{d^3 y}{ds^3} + \text{etc.},$$

cette formule peut se représenter plus simplement par $\delta y = y(e^d - 1)$, en convenant qu'après avoir développé $e^d - 1$ suivant les puissances de d, chaque terme $y\,d^m$ se changera en $\frac{d^m y}{ds^m}$. Cela posé, on aura, d'après la même hypothèse, $\delta^n y = y\,(e^d - 1)^n$, ce qui donne, après le développement de $(e^d - 1)^n$, la formule précédente.

Comme on a en général $\frac{d^n s^a}{ds^n} = a.a{-}1.a{-}2\ldots(a{-}n{+}1)\,s^{a-n}$, la différence finie $\delta^n s^a$ pourra s'exprimer ainsi,

$$(b)\qquad \delta^n s^a = a.a{-}1.a{-}2\ldots(a{-}n{+}1)\,s^{a-n}\left(1 + \mathrm{N}'\,\frac{a-n}{s} + \mathrm{N}''\,\frac{a-n\,.\,a-n-1}{s^2} + \text{etc.}\right),$$

formule qui pourra servir à déterminer $\delta^n s^a$, lorsque $a - n$ sera beaucoup plus petit que s.

(145). On peut mettre cette même différence sous une autre forme plus convergente. Pour cela, je reprends l'équation symbolique $\delta^n y = y\,(e^d - 1)^n$, à laquelle je donne la forme....... $\delta^n y = y\,e^{\frac{1}{2}dn}\,(e^{\frac{1}{2}d} - e^{-\frac{1}{2}d})^n$; et comme, en supposant $y = \varphi(s)$, la quantité désignée par $y\,e^{\frac{1}{2}dn}$ est $y + \frac{1}{2}n\,.\,\frac{dy}{ds} + \frac{1}{2}\,(\frac{1}{2}n)^2\,\frac{ddy}{ds^2} + \frac{1}{2.3}\,.\,(\frac{1}{2}n)^3\,\frac{d^3 y}{ds^3} + \text{etc.}$, ou $\varphi(s + \frac{1}{2}n)$; si en considérant d comme une quantité algébrique, on fait le développement de la fonction $(e^{\frac{1}{2}d} - e^{-\frac{1}{2}d})^n$, duquel résulte

$$(e^{\frac{1}{2}d} - e^{-\frac{1}{2}d})^n = d^n(1 + \mathrm{A}'d^2 + \mathrm{A}''d^4 + \mathrm{A}'''d^6 + \text{etc.}),$$

on obtiendra cette nouvelle valeur de $\delta^n y$ ou $\delta^n \varphi(s)$,

$$(c)\qquad \delta^n\varphi(s) = \frac{d^n}{ds^n}\varphi(s + \tfrac{1}{2}n) + \mathrm{A}'\,\frac{d^{n+2}}{ds^{n+2}}\,\varphi(s + \tfrac{1}{2}n) + \mathrm{A}''\,\frac{d^{n+4}}{ds^{n+4}}\,\varphi(s + \tfrac{1}{2}n) + \text{etc.}$$

(146). L'application de cette formule à la fonction s^a donne

$$(d)\qquad \delta^n s^a = \mathrm{K}(s + \tfrac{1}{2}n)^{a-n}\left[1 + \mathrm{A}'\,.\,\frac{a-n\,.\,a-n-1}{(s + \frac{1}{2}n)^2} + \mathrm{A}''\,.\,\frac{a-n\,.\,a-n-1\,.\,a-n-2\,.\,a-n-3}{(s + \frac{1}{2}n)^4} + \text{etc.}\right],$$

où l'on a fait $\mathrm{K} = a.a{-}1.a{-}2\ldots(a{-}n{+}1)$.

Cette formule pourra donc servir à déterminer $\delta^n s^a$ dans le cas où $a - n$ serait très-petit par rapport à $s + \frac{1}{2} n$. Il faudra y substituer les valeurs des coefficiens A', A'', etc. données par le développement indiqué. Ces valeurs sont $A' = \dfrac{n}{24}$, $A'' = \dfrac{5n^2 - 2n}{5760}$, etc. On en déduirait, par exemple,

$$\delta^n s^n = 1.2.3\ldots\ldots\ldots n = \Gamma(n+1),$$
$$\delta^n s^{n+1} = \Gamma(n+2).(s+\tfrac{1}{2}n),$$
$$\delta^n s^{n+2} = \frac{\Gamma(n+3)}{1.2}\left[(s+\tfrac{1}{2}n)^2 + \frac{n}{12}\right],$$
$$\text{etc.}$$

Mais ces cas ne sont que particuliers, et il convient de considérer le problème sous un point de vue plus général.

(147). Soit $Z = \int x^{i-1} dx \left(l\,\frac{1}{x}\right)^{a-1}$, cette intégrale étant prise depuis $x = 0$ jusqu'à $x = 1$; si on fait $x^i = z$, on aura la transformée $Z = s^{-a} \int dz \left(l\,\frac{1}{z}\right)^{a-1}$, laquelle devra être intégrée encore depuis $z = 0$ jusqu'à $z = 1$. On aura donc $Z = s^{-a}\Gamma a$, et de là,

$$(e) \qquad\qquad s^{-a} = \frac{\int x^{i-1} dx \left(l\,\frac{1}{x}\right)^{a-1}}{\Gamma a},$$

La puissance s^{-a} étant mise sous cette forme, il devient facile d'exprimer aussi par une intégrale définie la différence n^{ieme} de s^{-a}; car en faisant varier s d'une unité, on a successivement $\delta x^{i-1} = x^{i-1}(x-1)$, $\delta^2 x^{i-1} = x^{i-1}(x-1)^2$, et en général $\delta^n x^{i-1} = x^{i-1}(x-1)^n$; donc la différence cherchée

$$(f) \qquad \delta^n s^{-a} = \frac{(-1)^n}{\Gamma a} \int x^{i-1} dx \left(l\,\frac{1}{x}\right)^{a-1} (1-x)^n. \qquad \left\{ \begin{array}{l} x=0 \\ x=1 \end{array} \right.$$

Ainsi tout se réduit à évaluer dans les limites $x = 0$, $x = 1$, l'intégrale

$$Z' = \int x^{i-1} dx \left(l\,\frac{1}{x}\right)^{a-1} (1-x)^n,$$

et on aura

$$\delta^n s^{-a} = \frac{(-1)^n}{\Gamma a}\, Z'.$$

(148). L'intégrale Z' peut se trouver assez facilement par la méthode des quadratures. Il suffit pour cela de calculer dans l'intervalle de $x = 0$ à $x = 1$, quelques-unes des ordonnées de la courbe qui a pour équation

$$y = x^{s-1} \left(l\,\frac{1}{x} \right)^{a-1} (1 - x)^n.$$

Cette courbe touche l'axe aux deux extrémités $x = 0$, $x = 1$; elle a toutes ses ordonnées positives dans cet intervalle, et la plus grande que nous désignerons par M, répond à une abscisse $x = m$ déterminée par l'équation

$$(g) \qquad\qquad s - 1 = \frac{nm}{1-m} + \frac{a-1}{l\,\dfrac{1}{m}},$$

d'où résultera $M = m^{s-1} \left(l\,\dfrac{1}{m} \right)^{a-1} (1 - m)^n.$

Plus on supposera grands les nombres s et n, plus les ordonnées décroîtront rapidement en s'éloignant du *maximum*. Ainsi l'aire Z' ne pourra être qu'une petite portion du rectangle $M \times 1$, de sorte qu'on aura $Z' = kM$, k étant une fraction assez petite.

Au reste, la méthode des quadratures pourra, dans tous les cas, donner la valeur de Z' avec un degré d'approximation aussi grand qu'on voudra, et auquel les formules analytiques connues ne sauraient atteindre..

(149). Si l'on veut cependant avoir une expression analytique de Z', on pourra appliquer à cette intégrale la méthode du n° 29, troisième partie; on trouvera par cette méthode et en se bornant au premier terme de la série,

$$Z' = \frac{m^s\,(1 - m)^{n+1} \left(l\,\dfrac{1}{m} \right)^a \sqrt{2\pi}}{\sqrt{\left[nm \left(l\,\dfrac{1}{m} \right)^2 + (a-1)(1-m)^2 \right]}},$$

m étant la valeur de x qui répond au *maximum* de y, et qui est déterminée par l'équation (g). Z' étant trouvé, on aura la différence cherchée $\delta^n s^{-a} = \frac{(-1)^n}{\Gamma a} Z'$.

Connaissant la valeur générale de $\delta^n s^{-a}$, on pourra en déduire celle de $\delta^n s^a$; mais pour cela, il est nécessaire de distinguer deux cas.

(150). Soit, 1°. $n > a + 1$; en changeant le signe de a, l'intégrale Z' devient

$$Z' = \int \frac{x^{i-1} dx\, (1 - x)^n}{\left(l\frac{1}{x}\right)^{a+1}}.$$

Cette intégrale peut toujours être regardée comme l'aire, prise depuis $x = 0$ jusqu'à $x = 1$, de la courbe dont l'équation est

$$y = \frac{x^{i-1}(1 - x)^n}{\left(l\frac{1}{x}\right)^{a+1}}.$$

Cette ordonnée s'évanouit encore aux deux limites de l'intégrale, et si l'on détermine l'abscisse $x = m$ d'après l'équation

$$i - 1 = \frac{nm}{1 - m} - \frac{(a + 1)}{l\frac{1}{m}},$$

le *maximum* de l'ordonnée sera $M = m^{i-1}\left(l\frac{1}{m}\right)^{-a-1}(1 - m)^n$. Ainsi on peut déterminer l'intégrale Z', soit par la méthode des quadratures qui donne une approximation aussi grande qu'on voudra, soit par la formule de l'article précédent, où il suffit de changer le signe de a, et qui donnera

$$Z' = \frac{m^i (1 - m)^{n+1}\left(l\frac{1}{m}\right)^{-a} \sqrt{2\pi}}{\sqrt{\left[nm\left(l\frac{1}{m}\right)^2 - (a + 1)(1 - m)^2\right]}}.$$

Quant à Γa qui devient $\Gamma(-a)$, il faut substituer sa valeur donnée par la formule de l'article 68 , et on aura

$$\delta^n s^a = \frac{(-1)^{n+1} \sin a\pi}{\sqrt{(\frac{1}{2}\pi)}} \, \mathrm{Z}' \, \Gamma(1+a).$$

(151). Soit, 2°. $n < a + 1$, alors l'ordonnée y est infinie à la limite $x = 1$; car en faisant $x = 1 - \omega$, on a $(1-x)^n \left(l\frac{1}{x}\right)^{-a-1} = \omega^{n-a-1}$; l'aire Z' devient donc infinie tant qu'on a $n < a$ et la méthode des quadratures n'est plus applicable. On ne peut donc, dans ce cas, déterminer l'intégrale $\int y\,dx$ qu'en supposant les limites imaginaires, et il faudrait supposer de même qu'elles le sont dans l'intégrale $\int dx \left(l\frac{1}{x}\right)^{-a-1}$, représentée par $\Gamma(-a)$. Mais on peut éviter ces calculs en observant que les formules générales doivent être indépendantes des moyens employés pour y parvenir, et qu'ainsi la formule qui a été trouvée pour la valeur de $\delta^n s^{-a}$, doit donner celle de $\delta^n s^a$ par le seul changement du signe de a.

Dans le cas présent où l'on suppose n très-grand et $a > n$, a sera un très-grand nombre, et par conséquent la valeur de Γa qu'il faut substituer dans la formule de l'article 149, se trouve par la formule du n° 73 , troisième partie, qui donne

$$\Gamma a = e^{-a} a^{a-\frac{1}{2}} \sqrt{(2\pi a)} \, ;$$

substituant donc dans l'expression de $\delta^n s^{-a}$ de l'article 149, tant la valeur de Z' que celle de Γa, et changeant ensuite le signe de a, on aura la formule

$$\delta^n s^a = \frac{m' (m-1)^{n+1} (lm)^{-a} a^{a+\frac{1}{2}} e^{-a}}{\sqrt{[(a+1)(m-1)^2 - nm (lm)^2]}} \, ,$$

m étant un nombre plus grand que l'unité, déterminé par l'équation

$$s - 1 = \frac{a+1}{\log m} - \frac{nm}{m-1}.$$

Ces diverses formules dont nous devions faire mention, parce qu'elles se rattachent à la théorie des fonctions Γ , sont conformes à celles que Laplace a données le premier dans les Mémoires de l'Académie des Sciences, année 1782. Mais cette matière semble exiger de nouvelles recherches, soit pour obtenir des approximations plus certaines, surtout dans le cas où la méthode des quadratures n'est pas applicable, soit pour fortifier par des méthodes rigoureuses, les inductions analytiques sur lesquelles les formules sont établies.

§ VII. *De quelques suites dont la somme peut être exprimée par les puissances du nombre π.*

(152). On a vu dans l'article 22, qu'en désignant par $\psi_n(x)$ la somme de la suite

$$\frac{1}{x^n} + \frac{1}{(1+x)^n} + \frac{1}{(2+x)^n} + \text{etc.},$$

cette somme est donnée pour les diverses valeurs de n, à compter de $n = 2$, par la formule

$$\psi_n(x) = \frac{(-1)^n}{\Gamma n} \cdot \frac{d^n\, l\,\Gamma x}{dx^n}:$$

Mais de l'équation $\Gamma x\, \Gamma(1-x) = \dfrac{\pi}{\sin \pi x}$, on tire

$$\frac{d\, l\,\Gamma x}{dx} - \frac{d\, l\,\Gamma(1-x)}{dx} = -\pi \cot \pi x;$$

donc en supposant que n soit un nombre impair, on aura

$$\psi_n(x) - \psi_n(1-x) = \frac{\pi}{\Gamma n} \cdot \frac{d^{n-1} \cot \pi x}{dx^{n-1}}.$$

la quantité $\dfrac{d^{n-1} \cot \pi x}{dx^{n-1}}$ est la même chose que $\pi^{n-1} \cdot \dfrac{d^{n-1} \cot(\pi x + \omega)}{d\omega^{n-1}}$, pourvu qu'après les différentiations on fasse $\omega = 0$: on aura donc dans cette hypothèse,

$$\psi_n(x) - \psi_n(1-x) = \frac{\pi^n}{\Gamma n} \cdot \frac{d^{n-1} \cot(\pi x + \omega)}{d\omega^{n-1}}.$$

Si l'on observe de plus que les puissances paires de ω sont les seules dont on doive tenir compte dans le développement de $\cot(\pi x + \omega)$, puisque les puissances impaires disparaissent après les différentiations, on verra qu'au lieu de $\cot(\pi x + \omega)$, on peut mettre $\frac{1}{2}\cot(\pi x + \omega) + \frac{1}{2}\cot(\pi x - \omega)$ ou $\frac{\sin 2\pi x}{\cos 2\omega - \cos 2\pi x}$. On aura donc

$$\psi_n(x) - \psi_n(1-x) = \frac{\pi^n}{\Gamma n} \cdot \frac{d^{n-1}}{d\omega^{n-1}}\left(\frac{\sin 2\pi x}{\cos 2\omega - \cos 2\pi x}\right),$$

ou, en mettant ω à la place de 2ω,

$$\psi_n(x) - \psi_n(1-x) = \frac{2^{n-1}\pi^n}{\Gamma n} \cdot \frac{d^{n-1}}{d\omega^{n-1}}\left(\frac{\sin 2\pi x}{\cos \omega - \cos 2\pi x}\right).$$

Supposons qu'en faisant le développement suivant les puissances de ω, on ait

$$\frac{\sin 2\pi x}{\cos \omega - \cos 2\pi x} = A + B\omega^2 + C\omega^4 \ldots + N\omega^{n-1} + \text{etc.},$$

N étant le terme général de cette suite récurrente; ou aura, en prenant la différentielle du degré $n-1$, et faisant ensuite $\omega = 0$,

$$\frac{d^{n-1}}{d\omega^{n-1}}\left(\frac{\sin 2\pi x}{\cos \omega - \cos 2\pi x}\right) = N.(n-1)(n-2)\ldots 1 = N\,\Gamma n;$$

donc on a en général,

$$(a) \qquad\qquad \psi_n(x) - \psi_n(1-x) = 2^{n-1}\pi^n N.$$

(153). Cette équation peut servir à déterminer la fonction $\psi_n(x)$ par son complément $\psi_n(1-x)$, ou réciproquement; mais notre objet est maintenant de considérer la seule suite représentée par $\psi_n(x) - \psi_n(1-x)$, et on voit que la somme de cette suite sera donnée, pour toute valeur impaire de n, par la quantité $2^{n-1}\pi^n N$, où N est une fonction rationnelle de $\sin 2\pi x$ et de $\cos 2\pi x$.

Considérons particulièrement les valeurs rationnelles de x, et soit $x = \dfrac{p}{q}$, p étant $< \frac{1}{2} q$; si l'on fait

$$Z_n = \frac{1}{p^n} - \frac{1}{(q-p)^n} + \frac{1}{(q+p)^n} - \frac{1}{(2q-p)^n} + \frac{1}{(2q+p)^n} - \text{etc.},$$

on aura

$$\psi_n(x) - \psi_n(1-x) = q^n Z_n,$$

et par conséquent la somme Z_n sera donnée par la formule

$$Z_n = \frac{2^{n-1} \pi^n}{q^n} N.$$

Réciproquement on aura $N = \left(\dfrac{q}{2\pi}\right)^n 2Z_n$, ce qui donnera la formule générale

$$(b) \qquad \frac{\frac{1}{2}\sin\dfrac{2p\pi}{q}}{\cos\omega - \cos\dfrac{2p\pi}{q}} = \left(\frac{q}{2\pi}\right)Z_1 + \left(\frac{q}{2\pi}\right)^3 \omega^2 Z_3 + \left(\frac{q}{2\pi}\right)^5 \omega^4 Z_5 + \text{etc.},$$

d'où nous allons déduire quelques corollaires.

(154) Soit, 1°. $p = 1$, $q = 4$, $n = 2m+1$, la suite représentée par Z_n sera la somme des puissances réciproques de degré impair des nombres impairs, avec des signes alternatifs, savoir,

$$Z_{2m+1} = 1 - \frac{1}{3^{2m+1}} + \frac{1}{5^{2m+1}} - \frac{1}{7^{2m+1}} + \text{etc.},$$

et les différentes sommes Z_1, Z_3, Z_5, etc. se détermineront par le développement de $\dfrac{\frac{1}{2}}{\cos\omega}$, au moyen de la formule

$$\frac{\frac{1}{2}}{\cos\omega} = \left(\frac{2}{\pi}\right)Z_1 + \left(\frac{2}{\pi}\right)^3 \omega^2 Z_3 + \left(\frac{2}{\pi}\right)^5 \omega^4 Z_5 + \text{etc.}$$

Cette formule, la plus simple de toutes celles qu'on tire de la formule générale, se trouve dans le Calcul différentiel d'Euler, page 544.

(155). Soit, 2°. $p = 1$, $q = 3$, on aura la suite

$$Z_{2m+1} = 1 - \frac{1}{2^{2m+1}} + \frac{1}{4^{2m+1}} - \frac{1}{5^{2m+1}} + \frac{1}{7^{2m+1}} - \text{etc.} ;$$

où se trouvent les nombres $3k + 1$ avec le signe $+$, et les nombres $3k - 1$ avec le signe $-$. La somme de cette suite pour les diverses valeurs de n, sera donnée par la formule

$$\frac{\frac{1}{4}\sqrt{3}}{\cos \omega + \frac{1}{2}} = \left(\frac{3}{2\pi}\right) Z_1 + \left(\frac{3}{2\pi}\right)^3 \omega^2 Z_3 + \left(\frac{3}{2\pi}\right)^5 \omega^4 Z_5 + \text{etc.}$$

(156) Soit, 3°. $p = 1$, $q = 6$, on aura la suite

$$P_{2m+1} = 1 - \frac{1}{5^{2m+1}} + \frac{1}{7^{2m+1}} - \frac{1}{11^{2m+1}} + \frac{1}{13^{2m+1}} - \text{etc.} ,$$

où les nombres $6k + 1$ ont le signe $+$, et les nombres $6k - 1$ le signe $-$. La somme de cette suite pour les diverses valeurs de n est donnée par la formule

$$\frac{\frac{1}{4}\sqrt{3}}{\cos \omega - \frac{1}{2}} = \left(\frac{3}{\pi}\right) P_1 + \left(\frac{3}{\pi}\right)^3 \omega^2 P_3 + \left(\frac{3}{\pi}\right)^5 \omega^4 P_5 + \text{etc.}$$

Au reste ce cas peut se déduire du précédent; car on a immédiatement $P_n - Z_n = \frac{1}{2^n} Z_{2n}$, et c'est aussi ce qui résulte des fonctions d'où naissent ces suites, puisqu'on a

$$\frac{\frac{1}{4}\sqrt{3}}{\cos \omega - \frac{1}{2}} - \frac{\frac{1}{4}\sqrt{3}}{\cos \omega + \frac{1}{2}} = \frac{\frac{1}{2}\sqrt{3}}{\cos 2\omega + \frac{1}{2}}.$$

(157). Soit, 4°. $p = 1$, $q = 5$, on aura la suite

$$Z_{2m+1} = 1 - \frac{1}{4^{2m+1}} + \frac{1}{6^{2m+1}} - \frac{1}{9^{2m+1}} + \frac{1}{11^{2m+1}} - \text{etc.} ,$$

où les nombres $5k + 1$ sont affectés du signe $+$, et les nombres $5k - 1$ du signe $-$. La somme de cette suite pour les diverses valeurs de n, sera donnée par la formule

$$\frac{\frac{1}{2}\sin\frac{2}{5}\pi}{\cos\omega-\cos\frac{2}{5}\pi}=\left(\frac{5}{2\pi}\right)Z_1+\left(\frac{5}{2\pi}\right)^3\omega^2Z_3+\left(\frac{5}{2\pi}\right)^5\omega^4Z_5+\text{etc.}$$

(158). Considérons maintenant le cas où n est pair ; on trouvera, par une analyse semblable à celle du n° 152,

$$\psi_n(x)+\psi_n(1-x)=\frac{2^n\pi^n}{\Gamma n}\cdot\frac{d^{n-1}}{d\omega^{n-1}}\left(\frac{\frac{1}{2}\sin\omega}{\cos\omega-\cos 2\pi x}\right).$$

Supposons donc que le développement suivant les puissances de ω donne

$$\frac{\frac{1}{2}\sin\omega}{\cos\omega-\cos 2\pi x}=A\omega+B\omega^3+C\omega^5\ldots\ldots+N\omega^{n-1}+\text{etc.},$$

$N\omega^{n-1}$ représentant le terme général de cette suite, on aura la formule

$$\psi_n(x)+\psi_n(1-x)=2^n\pi^n N.$$

Soit, comme ci-dessus, $x=\frac{p}{q}$, $p<\frac{1}{2}q$ et $n=2m$; si on fait

$$Z_{2m}=\frac{1}{p^{2m}}+\frac{1}{(q-p)^{2m}}+\frac{1}{(q+p)^{2m}}+\frac{1}{(2q-p)^{2m}}+\text{etc.},$$

on aura $Z_n=\left(\frac{2\pi}{q}\right)^n N$, et réciproquement $N=\left(\frac{q}{2\pi}\right)^n Z_n$, ce qui donne la formule générale

$$(c)\qquad\frac{\frac{1}{2}\omega\sin\omega}{\cos\omega-\cos\frac{2p\pi}{q}}=\left(\frac{q}{2\pi}\right)^2\omega^2Z_2+\left(\frac{q}{2\pi}\right)^4\omega^4Z_4+\left(\frac{q}{2\pi}\right)^6\omega^6Z_6+\text{etc.},$$

d'où l'on peut déduire différentes formules particulières, comme dans le premier cas.

(159). Soit, par exemple, $p=1$, $q=4$, on aura la suite

$$Z_{2m}=1+\frac{1}{3^{2m}}+\frac{1}{5^{2m}}+\frac{1}{7^{2m}}+\frac{1}{9^{2m}}+\text{etc.},$$

dont la somme $Z_{2m} = \left(1 - \frac{1}{2^{2m}}\right) S_{2m}$, S_{2m} désignant, comme ci-dessus, la somme de la suite complète $1 + \frac{1}{2^{2m}} + \frac{1}{3^{2m}} + \frac{1}{4^{2m}} + \frac{1}{5^{2m}} +$ etc.
On aura donc, d'après la formule (c),

$$\tfrac{1}{2}\,\omega \tang \omega = (2^2 - 1)\frac{\omega^2}{\pi^2}S_2 + (2^4 - 1)\frac{\omega^4}{\pi^4}S_4 + (2^6 - 1)\frac{\omega^6}{\pi^6}S_6 + \text{etc.}$$

Ainsi le développement de tang ω fera connaître les valeurs des sommes successives S_2, S_4, S_6, etc.

(160). Si l'on fait en général $S_{2m} = H_m \pi^{2m}$, il est remarquable que les coefficiens H_1, H_2, H_3, etc. pourront être déterminés indifféremment par celle qu'on voudra des quatre formules suivantes :

$$\tfrac{1}{2} - \tfrac{1}{2}\,\omega \cot \omega = H_1\omega^2 + H_2\omega^4 + H_3\omega^6 + \text{etc.} ,$$

$$\tfrac{1}{2}\,\omega \tang \omega = (2^2 - 1)H_1\omega^2 + (2^4 - 1)H_2\omega^4 + (2^6 - 1)H_3\omega^6 + \text{etc.}$$

$$(d) \qquad \frac{\omega}{\sin \omega} = 1 + (2^1 - 1)H_1\omega^2 + \frac{2^3 - 1}{2^2}H_2\omega^4 + \frac{2^5 - 1}{2^4}H_3\omega^6 + \text{etc.,}$$

$$\log \frac{\omega}{\sin \omega} = H_1\omega^2 + \tfrac{1}{2}H_2\omega^4 + \tfrac{1}{3}H_3\omega^6 + \text{etc.}$$

Réciproquement, connaissant les coefficiens H_1, H_2, H_3, etc., on aura immédiatement le développement des fonctions qui forment les premiers membres de ces équations.

Ces formules sont liées entr'elles de manière que la seconde et la troisième se déduisent de la première, au moyen des équations $\tang \omega = \cot \omega - 2 \cot 2\omega$, $\frac{\omega}{\sin \omega} = \cot \tfrac{1}{2}\omega - \cot \omega$. Quant à la quatrième, elle se déduit encore de la première, en multipliant celle-ci par $\frac{2\,d\omega}{\omega}$ et intégrant.

(161). Si on compare la première de ces quatre formules avec celle du Calcul différentiel, art. 221, on verra que les nombres H_1, H_2, H_3, etc. se déduisent des nombres Bernoulliens A', B',

C', etc., suivant cette loi très-simple :

$$H_1 = A' = \frac{1}{6}, \qquad\qquad H_2 = \frac{2^3 B'}{2.3.4} = \frac{1}{90},$$

$$H_3 = \frac{2^5 C'}{2.3.4.5.6} = \frac{1}{945}, \qquad H_4 = \frac{2^7 D'}{2.3\ldots\ldots 8} = \frac{1}{9450},$$

$$H_5 = \frac{2^9 E'}{2.3\ldots\ldots 10} = \frac{1}{93555}, \qquad H_6 = \frac{2^{11} F'}{2.3\ldots\ldots 12} = \frac{691}{636460825}, \text{ etc.}$$

Ces valeurs peuvent se prolonger jusqu'au quinzième terme, au moyen de la table, des nombres Bernoulliens qu'on trouve dans le Calcul différentiel d'Euler, page 420 ; mais on voit que ces valeurs deviennent fort compliquées dans les termes ultérieurs, et il est préférable de calculer les coefficiens H_m, à compter de $m = 6$, par la formule $H_m = \frac{S_{2m}}{\pi^{2m}}$; car π^{2m} est toujours connu avec tel degré d'exactitude qu'on peut desirer, et la valeur de S_{2m} est donnée avec seize décimales exactes dans le tableau de l'article 73 ci-dessus. D'ailleurs comme π^2 diffère peu de 10, on voit que la valeur de H_m, qui peut être mise sous la forme $\frac{1}{\pi^{2m}} + \frac{S_{2m}-1}{\pi^{2m}}$, pourra toujours être calculée avec $16 + m$ décimales exactes. Lorsque m sera > 17, l'exactitude sera encore plus grande en prenant $H_m = \frac{1}{\pi^{2m}} + \frac{1}{(2\pi)^{2m}}$. Ainsi la suite H_1, H_2, H_3, etc., finit par se confondre avec une progression géométrique décroissante dont la raison est $\frac{1}{\pi^2}$. Ce dé-croissement est plus rapide encore dans les premiers termes, puis-qu'on a $H_2 = \frac{1}{15} H_1$, $H_3 = \frac{2}{21} H_2$, $H_4 = \frac{1}{10} H_3$.

(162). Nous avons remarqué que les séries qui résultent du dé-veloppement des quantités $\cot \omega$, $\tang \omega$, $\frac{\omega}{\sin \omega}$, $\log \frac{\omega}{\sin \omega}$, se dé-duisent facilement de l'une d'entr'elles. Il n'en est pas de même de la suite qui résulte du développement de la quantité $\frac{1}{\cos \omega}$ ou $\séc \omega$; elle ne peut en aucune façon se déduire de celles dont on vient de parler, et ses coefficiens doivent être déterminés par un calcul particulier, afin de trouver par leur moyen la somme de la suite

$$Z_{2m+1} = 1 - \frac{1}{3^{2m+1}} + \frac{1}{5^{2m+1}} - \frac{1}{7^{2m+1}} + \text{etc.}$$

Soit $\frac{1}{\cos \omega} = 1 + K_1 \omega^2 + K_2 \omega^4 + K_3 \omega^6 + \text{etc.}$, puisque $\cos \omega = 1 - \frac{1}{2} \omega^2 + \frac{1}{2.3.4} \omega^4 - \text{etc.}$, on aura par la loi des suites récurrentes,

$$K_1 = \frac{1}{2},$$

$$K_2 = \frac{1}{2} K_1 - \frac{1}{2.3.4} = \frac{5}{24},$$

$$K_3 = \frac{1}{2} K_2 - \frac{1}{2.3.4} K_1 + \frac{1}{2.3.4.5.6} = \frac{61}{720},$$

$$\text{etc.}$$

et les valeurs successives de Z_{2m+1} seront

$$Z_1 = \frac{\pi}{2^2}, \quad Z_3 = \frac{\pi}{2^4} K_1, \quad Z_5 = \frac{\pi}{2^6} K_2, \quad Z_7 = \frac{\pi}{2^8} K_3, \quad \text{etc.}$$

(163). Soit $y = \int \frac{d\omega}{\cos \omega} = \log \tan g \left(\frac{1}{4} \pi + \frac{1}{2} \omega \right)$; si on substitue la valeur développée de $\frac{1}{\cos \omega}$, on aura en intégrant,

$$y = \omega + \frac{1}{3} K_1 \omega^3 + \frac{1}{5} K_2 \omega^5 + \frac{1}{7} K_3 \omega^7 + \text{etc.}$$

Cela posé, je dis qu'on aura réciproquement

$$\omega = y - \frac{1}{3} K_1 y^3 + \frac{1}{5} K_2 y^5 - \frac{1}{7} K_3 y^7 + \text{etc.},$$

c'est-à-dire que les coefficiens seront les mêmes dans les deux séries, à la réserve des signes qui sont tous positifs dans l'une, et qui sont alternativement positifs et négatifs dans l'autre.

Pour démontrer cette proposition singulière, je fais $\omega = \varphi \sqrt{-1}$ et $y = z \sqrt{-1}$; alors l'équation $dy = \frac{d\omega}{\cos \omega}$ devient

$$dz = \frac{d\varphi}{1 + \frac{\varphi^2}{2} + \frac{\varphi^4}{2.3.4} + \text{etc.}} = \frac{2 d\varphi}{e^\varphi + e^{-\varphi}} = \frac{2 e^\varphi d\varphi}{1 + e^{2\varphi}}.$$

Intégrant

Intégrant et supposant que z et φ s'évanouissent en même temps, on aura

$$\frac{\pi}{4} + \tfrac{1}{2} z = \text{arc tang } e^{\varphi},$$

ou $\varphi = \log \text{tang} \left(\frac{\pi}{4} + \tfrac{1}{2} z \right)$. Donc par le développement de y en ω, on a

$$\varphi = z + \tfrac{1}{3} K_1 z^3 + \tfrac{1}{5} K_2 z^5 + \tfrac{1}{7} K_3 z^7 + \text{etc.}$$

Remettant les valeurs $\varphi = \frac{\omega}{\sqrt{-1}}$, $z = \frac{y}{\sqrt{-1}}$, il vient

$$\omega = y - \tfrac{1}{3} K_1 y^3 + \tfrac{1}{5} K_2 y^5 - \tfrac{1}{7} K_3 y^7 + \text{etc.},$$

ce qui est le théorème énoncé.

§ VIII. *Formules pour la sommation des suites dont le terme général est donné.*

(164). Soit φ ou $\varphi(x)$ la somme de la suite dont le terme général est une fonction donnée z ou $z(x)$, x désignant le nombre des termes, ou plus généralement ce nombre augmenté d'une constante α, ensorte qu'on ait

$$\varphi(x) = z(\alpha + 1) + z(\alpha + 2) + z(\alpha + 3) \ldots + z(x);$$

on déduirait aisément z de φ au moyen de l'équation $z = \varphi(x) - \varphi(x - 1)$, laquelle donne, par l'application du théorème de Taylor,

$$z = \frac{d\varphi}{dx} - \frac{1}{2} \cdot \frac{dd\varphi}{dx^2} + \frac{1}{2.3} \cdot \frac{d^3\varphi}{dx^3} - \text{etc.}$$

Mais s'il s'agit de trouver la somme de la suite dont le terme général est z, il faudra de cette équation tirer la valeur de φ en fonction de z.

Pour cela nous supposerons

$$\varphi = \int z\,dx + \tfrac{1}{2}z + A\frac{dz}{dx} + B\frac{ddz}{dx^2} + C\frac{d^3z}{dx^3} + \text{etc.};$$

et puisque cette équation doit être linéaire par rapport à z et φ, les coefficiens A, B, C, etc. seront les mêmes pour toute valeur de φ. Soit donc $\varphi = e^{mx}$, on aura $z = e^{mx}\left(1 - e^{-m}\right)$ ou $z = ke^{mx}$, en faisant $k = 1 - e^{-m}$; de là résulte $\frac{dz}{dx} = kme^{mx}$, $\frac{ddz}{dx^2} = km^2e^{mx}$, etc. Ces valeurs étant substituées dans l'équation précédente, ou plutôt dans sa différentielle

$$\frac{d\varphi}{dx} = z + \frac{1}{2}\cdot\frac{dz}{dx} + A\frac{ddz}{dx^2} + B\frac{d^3z}{dx^3} + C\frac{d^4z}{dx^4} + \text{etc.},$$

on en tire, après avoir divisé par ke^{mx},

$$1 + Am^2 + Bm^3 + Cm^4 + Dm^5 + \text{etc.} = \frac{m}{2}\cdot\frac{e^{\frac{1}{2}m} + e^{-\frac{1}{2}m}}{e^{\frac{1}{2}m} - e^{-\frac{1}{2}m}}.$$

Le second membre reste le même en changeant le signe de m; ainsi tous les coefficiens B, D, F, etc. des puissances impaires de m sont nuls.

(165). Pour avoir égard à cette propriété, nous prendrons de nouveaux coefficiens A, B, C, etc., au moyen desquels on ait

$$\varphi = \int z\,dx + \tfrac{1}{2}z + A\frac{dz}{dx} - B\frac{d^3z}{dx^3} + C\frac{d^5z}{dx^5} - \text{etc.},$$

et en vertu du résultat précédent, ces coefficiens seront déterminés par l'équation

$$1 + Am^2 - Bm^4 + Cm^6 - Dm^8 + \text{etc.} = \frac{m}{2}\cdot\frac{e^{\frac{1}{2}m} + e^{-\frac{1}{2}m}}{e^{\frac{1}{2}m} - e^{-\frac{1}{2}m}}.$$

Mettant $\omega\sqrt{-1}$ à la place de $\tfrac{1}{2}m$, il vient

$$1 - \omega\cot\omega = 2^2 A\omega^2 + 2^4 B\omega^4 + 2^6 C\omega^6 + \text{etc.}$$

Comparant cette formule avec la première des formules (d), art. 160, on voit que les coefficiens A , B , C , etc. se déduisent des coefficiens H_1 , H_2 , H_3 , de cette manière :

$$A = \tfrac{1}{2} H_1, \quad B = \tfrac{1}{2^3} H_2, \quad C = \tfrac{1}{2^5} H_3, \quad \text{etc.};$$

on aura donc la formule générale

$$(a) \qquad \varphi = \textstyle\int z\,dx + \tfrac{1}{2} z + \tfrac{1}{2} H_1 \frac{dz}{dx} - \tfrac{1}{2^3} H_2 \frac{d^3z}{dx^3} + \tfrac{1}{2^5} H_3 \frac{d^5z}{dx^5} - \text{etc.}$$

Cette formule coïncide avec celle qu'Euler a donnée pour le même objet dans son Calcul diff., pag. 418; mais la forme précédente paraît préférable, en ce que les coefficiens $\tfrac{1}{2}H_1$, $\tfrac{1}{2^3}H_2$, $\tfrac{1}{2^5}H_3$, etc. offrent évidemment une suite très-convergente , dans laquelle le rapport de chaque terme au précédent, tend de plus en plus vers la limite $\frac{1}{4\pi^2}$, ou $\frac{1}{40}$ à peu près.

Pour que les termes qui composent la valeur de φ forment aussi une suite convergente dans toute son étendue , il faut que les coefficiens différentiels $\frac{dz}{dx}$, $\frac{d^3z}{dx^3}$, $\frac{d^5z}{dx^5}$, etc. ne soient pas plus divergens qu'une progression géométrique dont la raison est $4\pi^2$. Dans le cas contraire , la suite dont il s'agit sera du nombre de celles que nous avons appelées *demi-convergentes* , et dont nous avons fait connaître l'usage pour parvenir au degré d'approximation que leur nature comporte. (Voyez part. II, art. 70.)

(166). La formule (a) donne la somme de la suite finie $z\,(\alpha+1)$ $+ z\,(\alpha+2) + z\,(\alpha+3)\ldots.+ z\,(x)$, en déterminant convenablement la constante qui doit accompagner l'intégrale $\int z\,dx$. S'il s'agissait de trouver la somme de la suite infinie

$$z\,(x) + z\,(x+1) + z\,(x+2) + \text{etc.},$$

en supposant toutefois que les termes éloignés diminuent continuellement et finissent par être entièrement négligeables ; cette somme que nous désignerons par $\psi(x)$, devra être telle qu'on ait $\varphi(x) + \psi(x) - z(x) = A$, la constante A étant ce que devient $\varphi(x)$ lorsque x est infini. De là on tire la somme cherchée

$$(b) \qquad \psi(x) = C - \int z\,dx + \tfrac{1}{2}z - \frac{1}{2}H_1\frac{dz}{dx} + \frac{1}{2^3}H_2\frac{d^3z}{dx^3} - \frac{1}{2^5}H_3\frac{d^5z}{dx^5} + \text{etc.} ;$$

C étant une constante qu'il faudra déterminer par la condition que $\psi(x)$ soit nulle lorsque $x = \infty$.

(167). Supposons, par exemple, qu'il s'agisse de trouver la somme de la suite infinie

$$\psi(x) = \frac{1}{x^n} + \frac{1}{(x+1)^n} + \frac{1}{(x+2)^n} + \text{etc.},$$

on fera $z = x^{-n}$, et on aura la somme demandée

$$(c) \qquad \psi(x) = \frac{1}{(n-1)\,x^{n-1}} + \frac{1}{2}\cdot\frac{1}{x^n} + \frac{H_1}{2}\cdot\frac{n}{x^{n+1}} - \frac{H_2}{2^3}\cdot\frac{n.n+1.n+2}{x^{n+3}}$$
$$+ \frac{H_3}{2^5}\cdot\frac{n.n+1.n+2.n+3.n+4}{x^{n+5}} - \text{etc.}$$

On voit par la forme de cette suite qu'elle ne pourra pas être convergente dans toute son étendue ; mais elle le sera au moins jusqu'à un certain terme ; et en prenant x suffisamment grand, elle pourra servir à déterminer $\psi(x)$ avec tel degré d'approximation qu'on voudra, excepté seulement le cas de $n = 1$, où la somme ψ devient infinie.

(168). On peut rendre plus convergente la valeur de $\psi(x)$, au moins dans un certain nombre des premiers termes, en substituant au lieu de chaque coefficient H_n, sa valeur $\frac{1}{\pi^{2n}} + \frac{S_{2n}-1}{\pi^{2n}}$, et faisant

$S_{2i} - 1 = K_{2n}$; on aura de cette manière la formule

$$\psi(x) = \text{const.} - \int z\,dx + \tfrac{1}{2}z - \frac{V}{\pi} - \frac{1}{2}\cdot\frac{K_2}{\pi^2}\cdot\frac{dz}{dx} + \frac{1}{2^3}\cdot\frac{K_4}{\pi^4}\cdot\frac{d^3z}{dx^3}$$
$$- \frac{1}{2^5}\cdot\frac{K_6}{\pi^6}\cdot\frac{d^5z}{dx^5} + \text{etc.}$$

où l'on a fait, pour abréger,

$$V = \frac{dz}{2\pi\,dx} - \frac{d^3z}{2^3\pi^3 dx^3} + \frac{d^5z}{2^5\pi^5 dx^5} - \text{etc.}$$

Soit $2\pi x = t$, on aura plus simplement

$$V = \frac{dz}{dt} - \frac{d^3z}{dt^3} + \frac{d^5z}{dt^5} - \text{etc.},$$

de sorte que V devra satisfaire à l'équation différentielle

$$V + \frac{ddV}{dt^2} = \frac{dz}{dt}.$$

L'intégrale complète de cette équation est

$$V = \sin t \int z\,dt \sin t + \cos t \int z\,dt \cos t;$$

elle peut être mise sous la forme

$$V = \int z\,dt \cos(c - t) = 2\pi \int z\,dx \cos 2\pi(\alpha - x),$$

pourvu qu'après l'intégration, effectuée en regardant α comme constante, on fasse $\alpha = x$. Dans cette hypothèse, on aura la formule

$$(d) \qquad \psi(x) = \text{const.} - \int z\,dx + \tfrac{1}{2}z - \int 2z\,dx \cos 2\pi(\alpha - x)$$
$$- \frac{K_2}{2\pi^2}\cdot\frac{dz}{dx} + \frac{K_4}{2^3\pi^4}\cdot\frac{d^3z}{dx^3} - \frac{K_6}{2^5\pi^6}\cdot\frac{d^5z}{dx^5} + \text{etc.}$$

On aurait semblablement et avec la même condition,

$$(e) \qquad \varphi(x) = \text{const} + \int z\,dx + \tfrac{1}{2} z + \int 2z\,dx \cos 2\pi(\alpha - x)$$
$$+ \frac{K_2}{2\pi^2} \cdot \frac{dz}{dx} - \frac{K_4}{2^3\pi^4} \cdot \frac{d^3z}{dx^3} + \frac{K_6}{2^5\pi^6} \cdot \frac{d^5z}{dx^5} - \text{etc.}$$

Il faut, pour l'usage de ces formules, qu'on puisse trouver l'intégrale $\int 2z\,dx \cos 2\pi(\alpha - x)$; c'est ce qui n'aura aucune difficulté, si la fonction z est de la forme $Aa^x + Bb^x + $ etc., ou en général si la suite qui a pour terme général z, est une suite récurrente; mais alors la sommation de cette suite n'est qu'un problème fort simple d'analyse algébrique.

Dans d'autres cas on pourra au moins trouver, par la méthode des quadratures, l'intégrale $\int 2z\,dx \cos 2\pi(\alpha - x)$. En effet, pour une valeur donnée $x = \alpha$, tout se réduit à prendre l'aire.... $\int 2z\,dx \cos 2\pi(x - \alpha)$, depuis $x = 0$ jusqu'à $x = \alpha$.

(169). Pour obtenir des suites encore plus convergentes, on pourrait faire $K_{2n} = \frac{1}{2^{2n}} + L_{2n}$, L_{2n} désignant la somme de la suite $\frac{1}{3^{2n}} + \frac{1}{4^{2n}} + $ etc.; et par des calculs semblables, on parviendrait à la formule

$$\psi(x) = \text{const} + \tfrac{1}{2} z - \int z\,dx - \int 2z\,dx \cos 2\pi(\alpha - x) - \int 2z\,dx \cos 4\pi(\alpha - x)$$
$$(f) \qquad - \frac{L_2}{2\pi^2} \cdot \frac{dz}{dx} + \frac{L_4}{2^3\pi^4} \cdot \frac{d^3z}{dx^3} - \frac{L_6}{2^5\pi^6} \cdot \frac{d^5z}{dx^5} + \text{etc.}$$

On pourrait continuer ainsi la suite des intégrales, sans y joindre aucun terme différentiel, ce qui donnerait la formule

$$(g) \qquad \psi(x) = \text{const.} + \tfrac{1}{2} z - \int z\,dx - \int 2z\,dx \cos 2\pi(\alpha - x)$$
$$- \int 2z\,dx \cos 4\pi(\alpha - x) - \int 2z\,dx \cos 6\pi(\alpha - x) - \text{etc.}$$

Dans cette formule, toutes les intégrales de la forme........ $\int 2z\,dx \cos 2k\pi(\alpha - x)$ devront être prises en supposant α constante, et faisant $\alpha = x$ après l'intégration; on déterminera d'ailleurs la constante, de manière que la somme $\psi(x)$ s'évanouisse lorsqu'on fait $x = \infty$ ou $z = 0$.

(170). Cette formule est remarquable dans son espèce; mais elle ne peut guère être utile dans les cas particuliers, soit à cause de la difficulté des intégrations, soit à cause du peu de convergence des termes successifs. Cependant si on donnait à z la forme qui convient au terme général des suites récurrentes, les intégrations ne présenteraient aucune difficulté. En effet, lorsqu'on a $z = Ae^{-mx}$, on trouve

$$\int -2z\,dx \cos 2k\pi(\alpha - x) = \frac{Ae^{-mx}\left[2m\cos 2k\pi(\alpha - x) + 4k\pi \sin 2k\pi(\alpha - x)\right]}{m^2 + 4k^2\pi^2}.$$

Faisant ensuite $\alpha = x$, cette intégrale se réduit à

$$\frac{2Ame^{-mx}}{m^2 + 4k^2\pi^2};$$

et une somme de pareilles quantités, pour les valeurs successives $k = 1, 2, 3$, etc., forme une suite convergente.

(171). Il y a un moyen d'exprimer beaucoup plus simplement le second membre de l'équation (g); supposons pour un moment que la série d'intégrales qui y sont comprises, soit

$$\int z\,dx + r\int 2z\,dx \cos 2\pi(\alpha - x) + r^2\int 2z\,dx \cos 4\pi(\alpha - x)$$
$$+ r^3\int 2z\,dx \cos 6\pi(\alpha - x) + \text{etc.},$$

r étant un nombre constant < 1, on pourra faire l'application de la formule

$$1 + 2r\cos\omega + 2r^2\cos 2\omega + 2r^3\cos 3\omega + \text{etc.} = \frac{1 - r^4}{1 - 2r\cos\omega + r^2},$$

et on aura

$$(h) \qquad \psi(x) = \text{const.} + \tfrac{1}{2}z - \int \frac{(1 - r^2)\,z\,dx}{1 + r^2 - 2r\cos 2\pi(\alpha - x)}.$$

Concevons maintenant qu'on fasse l'intégration indiquée, en regardant r et α comme des constantes indéterminées ; qu'après l'intégration on fasse $\alpha = x$ et $r = 1 - \omega$, ω étant une quantité infiniment petite ; qu'enfin la constante soit déterminée de manière que l'intégrale s'évanouisse lorsque x est infini ; on obtiendra ainsi la vraie valeur de la somme $\psi(x)$.

Un pareil résultat qui offre la possibilité d'exprimer une intégrale aux différences finies, par une intégrale aux différences infiniment petites, n'est sans doute qu'un jeu d'analyse qui ne présente aucune utilité réelle ; mais il nous a paru assez curieux pour mériter d'être soumis aux regards des Géomètres.

FIN DE LA QUATRIÈME PARTIE.

9 782019 965112